U0159168

TWENTY
WORLDS

二十个世界

系外行星的非凡故事

The Extraordinary Story of Planets Around Other Stars

[英]奈尔·迪肯（Niall Deacon）——著 杨晨光——译 苏晨——主审

中国出版集团

中译出版社

Twenty Worlds: The Extraordinary Story of Planets Around Other Stars by Niall Deacon was first published by Reaktion Books, London, UK, 2020, in the Universe series.

Copyright © Niall Deacon 2020.

Rights arranged through CA–Link International, Inc.

Simplified Chinese translation copyright © 2023 by China Translation & Publishing House
著作权合同登记号：图字 01-2023-0424

图书在版编目（CIP）数据

二十个世界：系外行星的非凡故事 /（英）奈尔·
迪肯著；杨晨光译 . –– 北京：中译出版社，2023.9
书名原文：Twenty Worlds: The Extraordinary
Story of Planets Around Other Stars
ISBN 978-7-5001-7288-8

Ⅰ . ①二… Ⅱ . ①奈… ②杨… Ⅲ . ①天文学—普及
读物 Ⅳ . ① P1-49

中国国家版本馆 CIP 数据核字（2023）第 066462 号

二十个世界：系外行星的非凡故事
ERSHI GE SHIJIE: XIWAI XINGXING DE FEIFAN GUSHI

出版发行 / 中译出版社

地　　址 / 北京市西城区新街口外大街 28 号普天德胜大厦主楼 4 层

电　　话 / 010-68003527

邮　　编 / 100088

策划编辑 / 张　旭　陈佳懿

责任编辑 / 王　滢

特约编辑 / 李嘉名　杜怡然

封面设计 / 末末美书

排版设计 / 韩振兴

印　　刷 / 河北宝昌佳彩印刷有限公司

经　　销 / 新华书店

规　　格 / 880 mm×1230 mm　1/32

印　　张 / 7.5

字　　数 / 140 千字

版　　次 / 2023 年 9 月第 1 版

印　　次 / 2023 年 9 月第 1 次

ISBN 978-7-5001-7288-8　　定价：59.00 元

中 译 出 版 社

前言

　　30 年前，人类所知的世界共有 8 个：我们的地球，自古以来人们就知道的五大行星，以及在发明望远镜后发现的另外两颗行星。那时，天文学家们已经能够观测宇宙大爆炸所遗留下来的微弱的辐射波动，却不知道在太阳系以外的恒星系统里，也有行星的存在。

　　现在，我们认识到了数以千计的异星世界。

　　在本书中，您将走进 20 个世界，它们每一个都是一颗行星。它们中有些与地球相似，有些却迥然不同。它们每个都有着自己的故事，那是对它们自身、对其他许多世界都很重要的故事。通过这些故事，我们能看到环绕其他恒星的各颗行星世界的独特面貌，了解到发现和观测这些世界的一系列技术，回溯影响它们形成的物理过程，探索它们孕育生命的可能性，并展望这些行星最终的归宿。

　　在附录中，您能查阅到这 20 颗行星世界的具体特性；参考文献部分详细罗列了发现和探索这些行星的精彩研究资料。从中，您也能看到一些从事这些研究工作的杰出科学家的名字。但不要忘记，这些姓名往往仅限于研究团队的领导者，而所有的天文研究都是建立在许多人工作的基础之上，这些人包括研究团队中的伙伴、之前对同一课题进行过研究的其他科学家、建造宇宙观测设备的工程人员，以及天文台和大学中难以计数的工作人员——从望远镜操作员到行政人员再到清洁工。

我希望，本书能让读者了解我们是如何观测和探索行星的。科学不是魔法，不是某种量子理论和广义相对论的神秘咒语，只有少数天赋异禀的巫师才能运用。简单地说，天文学就是一系列计算方法的集合。它能够计算出在一颗恒星周围是否存在着一颗环绕着它运行的行星；能够计算出这颗行星的质量究竟有多大；能够计算出适用于这颗行星大气的最佳模型。如果本书中有哪些内容令人费解，那一定是因为我没有将其原理解释清楚。

最后，我希望本书能帮助读者对我们纷繁复杂、不断发展的天文学知识有一个良好而全面的了解。我也希望本书能引导读者了解天文学家是如何在不到 30 年的时间里在系外行星研究领域取得如此巨大进展的。

序：太阳系行星家族

"你今晚最好多拿出一条毯子来。"

每当夏威夷夜间气温要降到20℃以下的时候，电视上的天气预报员都会加上这么一句建议。这倒是合情合理，因为这个地方总是这样气候宜人，以至于夜间新闻居然还有时间进行有关冲浪、火山气体和水母的播报。

夏威夷的天气预报描绘了一个适宜人类居住的、稳定的，甚至可以说是理想的气候条件。与寒风怒号的南极平原或烈日炎炎的死亡大峡谷中的荒漠相比，火奴鲁鲁为人类提供了一个既不太热（很少高于30℃）也不太冷（偶尔会降到20℃以下）的环境。对比南极洲沃斯托克湖夜间那刺骨的 −81℃，或者加利福尼亚郊外白日酷热的57℃，夏威夷的温差真是小得让人惊讶。夏威夷电视台的天气预报员建议多找一条毯子，这放在南极洲的晚上很可能不太够用。不过，与环绕其他恒星的形形色色的行星世界相比，那极寒的南极腹地或死亡大峡谷中炽热的荒漠倒像是一处平静的世外桃源了。

在一天之内，火奴鲁鲁的昼夜温差大约是 10℃，仅仅是近几百年气象观测中所测得的全球气温波动范围的 1/14。但与其他行星相比，我们的行星却是一个安逸而宁静的住所。在太阳系中，有着坐落在外层轨道的寒冷的冰态行星，像温度低至 −240℃的冥王星，也有着拥有浓厚大气、气温高达 470℃的金星。但是，与我们观测环绕其他恒星的行星所得到的数据相比，这 710℃的温差却又显得微不足道了。在这些太阳系外的行星（或称为系外行星）上，温度常常超过 1000℃。当前的纪录保持者是行星 KELT-9b，它紧紧围绕着它那白炽的母星运行，这让它那烤炉般大气的温度达到了 4300℃。[1] 这些系外行星上的温差大约相当于地球温差的 30 倍。

上文所提到的温差并不能涵盖所有种类的行星。有的行星没有空气，地表一片荒芜；有的行星有着令人窒息的有毒大气；有的行星拥有绛红色和青蓝色的云彩；还有的行星是由钻石构成的。而在这个世界之外，还有着更多的世界。

由于行星在夜空中是移动的，所以许多古代文明都很重视行星。在古代美索不达米亚，行星是慢慢踱过天空的"野羊"。[2]对古希腊人而言，行星是横穿苍穹的"游荡的星"，与之相对的是"固定的星"。事实上，英语中"planet"（行星）这个单词，正是来源于古希腊语中的"planēfēs"一词——"游荡"。[3] 在漫长的天文史中，教士、占星家，以及历法的编纂者和维护者们，都对天体进行着观测和研究。在埃及，天狼星的第一次出现标志着至关重要的尼罗河洪水的开始。当太阳在西方落下，而昴宿星团恰好在东方升起的时候，就标志着夏威夷人的玛卡希基节的开始。因此，准确地计算群星的位置对于早期人类文明的农业、宗教仪式和日常活动都有着非常重要的意义。

要想预测行星穿过夜空的路径，就必须建立一个宇宙模型。大多数古希腊思想家所使用的星图都把地球放在宇宙的中心，太阳和行星围绕地球旋转。这种宇宙模型必须营构出一系列复杂的天体运动，才能解释行星的运动轨迹。而公元前 3 世纪的古希腊天文学家——萨摩斯岛的阿里斯塔克斯发现，如果把太阳放在已知宇宙的中心，那么所得到的宇宙模型就非常符合实际的观测结果。尽管这种理念在西方世界中几乎沉睡了千年，但中世纪伊斯兰世界的天文学家，以及印度喀拉拉邦的天文学院也分别独立地发展出了同样的观点。阿里斯塔克斯还提出了其他更为激进的宇宙观。在他之前，古希腊哲学中鲜有类似的表达。阿里斯塔克斯指出，那些相对于行星停滞不动的光点，也就是"固定不动的星星"，其实它们都是和太阳一样。[4] 他的观点，尽管当时没有得到人们的广泛接受，却是关于恒星与行星属于物理实体而不是单纯的光源这一性质的早期思考。

在公元前 1 世纪，中国天文学家京房写道："星月皆阴，具形而晦光。"[5]这清楚地表述了行星本身不是光源而是反射阳光的星体这一观点。在欧洲，亚里士多德以及许多后期继承他的观点的宗教人士都认为，月亮和行星是毫无缺点的天体，是完美的球体。直到有人进行了更进一步的观测后，才证明这种观点是错误的。

伽利略·伽利莱是如此优秀，以致人们差一点两次用《圣经》中"加利利人"的典故来作为他的名字。他是第一个发表了关于太阳、月亮和行星的望远镜观测结果，并获得广泛认同的人。他对这些天体的观测推翻了太阳和月亮是完美造物的观点。太阳的表面布满了斑点；月亮的表面则满是如伤疤般嶙峋的山脉；土星呈现出奇怪的扁平状，仿佛有两只把手；还有木星，似乎有 4 颗星星在围绕着它旋转。太阳、月亮、行星，都不是理想化的、完美无缺的天体，而是真实的，甚至是奇怪的物理实体。它们也有着缺陷，有着同我们地球相似的性质。

除了地球之外，在太阳系中还有 7 个巨大的世界：可以用肉眼直接观察到的水星、金星、火星、木星和土星，以及通过望远镜发现的天王星和海王星。这些行星可以分为三大类：居于太阳系内层轨道之上，由岩石构成的类地行星（水星、金星、地球和火星）；两颗巨大的气态巨行星（木星和土星）；位于外层轨道的两颗冰态巨行星（天王星和海王星）。

内层轨道上的 4 颗行星似乎各不相同。炽热的水星、具有浓厚有毒大气的金星、我们的气候温和的地球以及干燥荒芜的火星。不过，它们都有着一个重要的相似点：它们主要都是由岩石构成的。即，构成这些星球的大多是硅、氧、铁等重元素。其中后三颗行星都被一层薄薄的大气层环绕着。它们的大气层主要由氮、氧、二氧化碳等较重的气体组成，而几乎没有氢气和氦气。这些类地行星的引力相对较弱，使它们难以在大气层中留住像氢、氦这样较轻的气体，但水星是一个例外。我们的中央恒星所迸射出的氢气和氦气，作为太阳风的一部分，不断对水星那极度稀薄的大气进行补充。

木星和土星是太阳系行星系统中最大的两颗行星。其中仅木星本身的质量就大于其他 7 颗行星的质量总和，而这两颗行星放在一起，就占了太阳系所有行星的总质量的 90% 以上，这说明这两颗行星很可能拥有岩核。其中土星的岩核大约相当于地球质量的 9—22 倍。[6] 在太阳系形成的早期阶段，那些被称为"原行星"的行星胚胎争夺着太阳形成后所遗留的气体和固体物质。这些原行星越大，它们产生的引力就越强，也因此能够夺得更多的物质。正因为如此，质量更大的土星胚胎和木星胚胎可以把在早期太阳系中的巨量而丰富的氢气和氦气拉进它们的怀抱，从而让它们凌驾于那些质量更小的行星之上。由于它们比类地行星拥有更大的质量，木星和土星能够凭借它们更强大的引力留住这些更轻的气体。

在木星大气的云带和风暴之下，有着一个奇怪的海洋，这个海洋并不是由水组成的，而是氢气和氦气。木星的大气非常浓厚，沉重地压向下方的物质，使下方的物质在巨大的压力下变成了液态。然而，在这个海洋之下，还存在着另一个氢氦海洋，只是这里的氢、氦呈现为更极端的形态。在这样的深度，压力是如此巨大，导致氢原子失去了它们的电子，从而使海洋表现出液态金属的状态。你也许以为汞元素是液态金属最典型的例子。液态的金属氢看起来与汞很像，反射着光，但由于它的黏度比汞低得多，看起来更像是水在流动。

冰态巨行星是 3 种大行星中的最后一种，它与气态巨行星不同的是，我们尚且无法清楚地解释这些冰态巨行星究竟是如何形成的。它们远离太阳，在那么远的地方原本很难形成行星。人们推测，它们原本形成的轨道比现在更接近土星和木星，却被它们那更沉重而贪婪的"表亲"推到了更远的轨道上。天王星和海王星完全不同于气态巨行星或类地行星，它们拥有岩核。但与气态巨行星不同的是，它们的岩核没有足够的质量，难以吸收早期太阳系中巨量的氢、氦气体。不过，它们本身所拥有的氢、氦元素也足以成为这两颗行星大气中的主要组成成分。在冰态巨行星的大气和岩核之间同样存在着一个中间层。这一

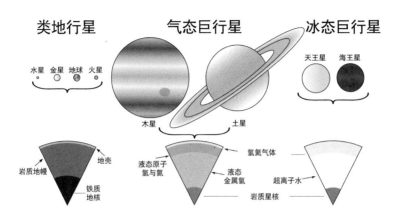

图 0-1 太阳系家族成员的情况

　　图中，行星的大小是按比例呈现的，但实际距离并未按比例呈现。太阳的半径大约是木星半径的 10 倍。

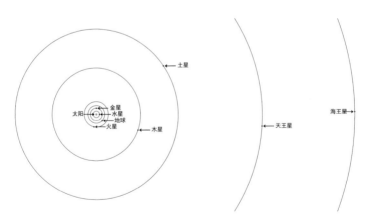

图 0-2 太阳系家族成员之间的距离

　　与真正的太阳相比，图中的太阳大了 20 倍。那些代表行星的点并不是按比例缩放的。行星的轨道并不是完美的圆形，而是略呈椭圆形。

层是由一种奇怪的高压状态的水、氨和甲烷共同构成的。这种超离子水既是固体也是液体，并且通常被称为"冰"。但它在结构上与我们在地球的冬日所看到的固态水完全不同。[7]"冰态巨行星"中的"冰"并不是指在天王星和海王星上的水、氨和甲烷的当前状态，而是指这些组成成分的来源。在太阳系的早期阶段，这两颗行星在形成初期吞噬了形成于远离太阳的寒冷地带的巨量冰态物质。

我们似乎可以很轻松地归纳太阳系中各大行星的特性：在内层轨道上的岩质行星，主要由氢和氦组成的巨行星，以及拥有大量水，由氢、氦等较轻气体构成外部大气层的行星。

意大利画家卡拉瓦乔的画作《耶稣被捕》悬挂在爱尔兰国家美术馆。[8]在消失了 200 年后，人们在 1990 年重新发现了这幅画作。它表现了耶稣基督被加略人犹大出卖，被罗马士兵逮捕的情景。卡拉瓦乔，这个因谋杀而把自己人生中最后的 4 年用于逃亡的人，把他自己作为圣彼得的形象画入这幅画作之中。作为一名艺术家，卡拉瓦乔以他阴暗的人生和大胆地运用光线刻画人物而闻名。在这幅画作中，他就通过这样的用光来抓住欣赏者的眼睛：一道闪光突出了士兵伸向耶稣脖颈的手臂。不过，这并不是罗马军团士兵的手臂，而是一名 17 世纪士兵的手臂。与其让这些《圣经》中的反派人物穿上古代的服装，卡拉瓦乔选择为耶稣的袭击者穿上了他自己时代的军人服装。在西方艺术中，这种时代错乱，将当代人物形象代入《圣经》或神话场景之中的做法是非常常见的。

不仅是对历史的回顾容易受到这种时代错乱的影响。大约在 20 世纪初，很多法国画家创作的画作，都描绘了他们所幻想的 2000 年的情景。[9] 这些画作表现了某种蒸汽朋克式的省力装置，以及那些大胆地展望未来的个人飞行机器。在一些作品中，展现出惊人的预见性。比如，他们所想象的"战车"，就有着与现代坦克同样的功能。在学校，教科书被送进一台巨大的粉碎机，随后再通过一个头戴装置传送给学生。这是对我们信息社会的一则相当粗笨的预言。在所有的画作中，所应用的技术都采用了 19 世纪末人们所熟悉的形式。没有计算机、火箭或原子弹，只有传送带、螺旋桨和格林机枪。同样，这些画家是把自己所熟悉的"现在"的知识应用到了遥远的时间框架之中。

当我们在思考宇宙中那些遥远的角落时，也容易做出同样的事情，那就是依据我们所熟悉的知识进行推断。我们看到我们太阳系中的行星有着某种规律：岩质行星的轨道靠近恒星，它们绕恒星转动一圈只需要几个月到几年的时间；气态巨行星的轨道离恒星远一些，它们公转一圈需要几十年的时间；冰态巨行星要花费大约 100 年的时间绕太阳转动一圈。于是，你会假设在其他行星系中也会存在类似的模式。但人们所发现的第一颗环绕类太阳恒星运行的行星，就证明了这些假设真是大错特错。

目录

第一章　陌生的世界

1. 预期之外的世界 ················002

2. 遮掩恒星的世界 ···············012

3. 狂暴的世界 ··················021

4. 大气的微光 ··················029

5. 逆向的世界 ··················038

第二章　向地球

6. 黑暗中的火花 ················050

7. 时间错乱的世界 ···············061

8. 截然相反的兄弟 ···············072

9. 类似地球的世界 ···············082

第三章　诞生

10. 无形的胚胎 ·················094

11. 穿过迷雾的世界 ··············103

12. 火中迸出的余烬 ⋯⋯⋯⋯⋯⋯⋯ 114

13. 孤独的行星 ⋯⋯⋯⋯⋯⋯⋯⋯⋯ 124

14. 阴郁的世界 ⋯⋯⋯⋯⋯⋯⋯⋯ 134

第四章　生命

15. 被诅咒的世界 ⋯⋯⋯⋯⋯⋯⋯ 144

16. 刚刚好的世界 ⋯⋯⋯⋯⋯⋯⋯ 154

17. 饱受摧残的世界 ⋯⋯⋯⋯⋯⋯ 164

第五章　死亡

18. 死亡的黑色斗篷 ⋯⋯⋯⋯⋯⋯ 174

19. 被撕碎的世界 ⋯⋯⋯⋯⋯⋯⋯ 180

20. 在死亡中诞生的钻石 ⋯⋯⋯⋯ 189

后记：更多的世界 ⋯⋯⋯⋯⋯⋯⋯ 199

附录：20 个世界参数一览 ⋯⋯⋯⋯ 206

致谢 ⋯⋯⋯⋯⋯⋯⋯⋯⋯⋯⋯⋯⋯ 210

参考文献 ⋯⋯⋯⋯⋯⋯⋯⋯⋯⋯⋯ 211

第一章
陌生的世界

我们曾经把恒星看作一个完美的发光球体。在 17 世纪之前，天体的完美论在西方天文界是非常盛行的。天体曾经被视为是美好的、神圣的，因此也是完美的。遗憾的是，这并不是真的。

1 预期之外的世界

七海爱丁堡位于南大西洋的特里斯坦－达库尼亚的火山岛上。这座方圆仅几百米的小镇，坐落在一个不到12公里宽的小岛上，仅有几百人。这是地球上最偏远的永久定居点，离它最近的镇子在2400多公里外的圣赫勒拿岛上。

我们的太阳系也很偏远。如果我们把太阳系缩小到七海爱丁堡的大小，那么太阳，以及围绕它旋转的类地行星，就位于镇中心。木星在大约在45米外，信天翁酒吧的位置。遥远的海王星距离镇中心270米，位于镇子边缘，快到码头的地方。在这种比例下，距离太阳最近的恒星——比邻星到镇子中心的距离，相当于从圣赫勒拿岛到特里斯坦－达库尼亚群岛的距离。

在银河系数以千亿计的恒星中，每一颗恒星都可能像太阳一样，拥有着一众簇拥着它的行星，就像宇宙中的一个个"小镇"。不过，在1990年，在这千亿颗恒星中，我们唯一能够确定拥有行星的恒星，只有太阳。

我们已经看到，这些"小镇"之间横亘着如大洋般浩瀚的星际空间。这意味着，从遥远的距离观察，这些行星仿佛依偎在它们的恒星身边，让人们难以分辨彼此。同时，恒星也比行星亮得多（在可见光波段的范围内，太阳比木星亮 2 亿倍）。这两个事实共同决定了人们难以直接观察到其他恒星周围的行星。为了更易于找到这些行星，天文学家需要尝试一些巧妙的方法，其中之一涉及了宇宙间的平衡。

跷跷板是一种非常易于理解的简单结构：如果坐在另一端的人比你轻，那你就会"咚"地一声落在地面上；反之，如果跷跷板另一端的人比你重，你就会"嗖"地一下升上去，在高处，两条腿荡来荡去。通过调整跷跷板的轴点，可以改变这种平衡。让轴点接近跷跷板较重的那一头，可以让两端实现平衡。不管你的对面坐的是谁都没关系——小孩、大人、一群杂技演员还是从当地动物园跑出来的一头犀牛——你都可以在跷跷板上选择一个特定的轴点，从而平衡两边的重量。你和跷跷板对面的重量差距越大，这个轴点就不得不越远离跷跷板的中点。比如说，在你的对面坐着的是头犀牛，那这个轴点与你之间距离达到了它与这头喷着鼻息的食草动物的距离的 30 倍。

你也许以为太阳是太阳系中静止的中心，但其实太阳是移动的。地球和太阳有一点像跷跷板上的你和犀牛。有一个特

定的轴点，让一端的太阳和另一端的地球达成了平衡。这个
轴点被称为质心。在太阳系中并不存在巨大的星际跷跷板，但
在太阳和地球之间存在一个质心。我们地球所环绕的，并不是
太阳的中心，而是这个轴点。它大约位于太阳到地球距离的
3/1000000 的地方。太阳的半径大约是地日距离的 1/200，所以
地球所环绕的这个轴点仍然在太阳内部。奇怪的是，太阳自身
也在绕着这个轴点转动。

　　太阳只需要沿着一个非常小的轨道来围绕这个轴点旋转。
这是因为地球相对于太阳来说真是太小了（只有太阳质量的
3/1000000）。这就像你的跷跷板对面坐了 1 万头犀牛，比地球
上犀牛总数的 1/3 还多。但想想木星呢？木星的质量是地球的
300 倍，距太阳的距离相当于地日距离的 5 倍。木星和太阳之
间的平衡点刚好在太阳之外，太阳和木星都围绕这个点旋转：
木星使太阳沿着一个小小的轨道旋转，而太阳则使木星沿着一
个大得多的轨道旋转。

　　所以，行星可以影响到它们的恒星的运动轨迹。为什么说
这很重要？因为这在我们所接收到的恒星的光线中留下了一个
记号。要想弄清楚这到底是怎么一回事，那我们就需要去赛车
的起跑线上去看一看。

　　高尔夫球比赛中挥杆打击球座的砰砰声，板球比赛中皮革
撞击柳木球板的声音，很多体育运动都有专属于它们的声音。

而属于 F1 赛车的声音是"尼尼噢噢噢呜呜……"，这是赛车轰鸣着经过你身边的声音。这个声音背后隐藏着一些很有趣的物理学知识。

一级方程式赛车在以直线匀速行驶时，它的引擎声并不会发生变化。但它向你驶来时的声音会比经过你身边或离你远去时的声音更为高亢。声音是穿过空气的声波。赛车向你驶来时，声波会挤压在一起，让引擎的声音显得更为高亢。当赛车离你远去时，情况恰恰相反，声波被拉伸得更长，让引擎的声音显得更为低沉。

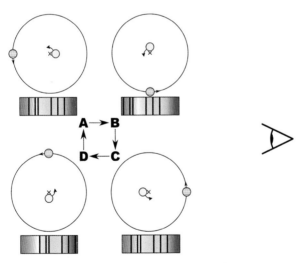

图 1-1 地球上的观察者看到的恒星光

图中虽然未按比例表现行星和恒星的大小，但它表现了行星与恒星在它们的系统中环绕质心旋转的轨道。地球上的观察者（由右侧的眼睛表示）所看到的恒星光谱，呈现了黑色线条从红侧移向蓝侧，再从蓝侧移向红侧的模式。

天文学家在星光中看到了同样的变化。当一颗恒星向地球移动时，它的光波被挤压，从而让它显得更蓝一点。当这颗恒星渐渐远离我们时，就会发生完全相反的过程，这颗恒星发出的光显得更红一点。

光是由许多颜色组成的。天文学家把光分解成光谱，以便更细致地研究恒星和星系。一般来说，他们用光线的波长来区分这些颜色：光线越红，波长就越长。

恒星的表面并不是固态或液态的。恒星是一个等离子体（电离气体）的大球。它那温度极高、密度极大的内核中有一个原子炉。星核中极高的温度和巨大的压力使氢可以聚变为氦，并产生能量。这个原子炉的热量会缓慢地渗透到恒星的外层，使恒星保持着高温。恒星内部的热物质会白炽、发光。但恒星内核的物质密度非常高，所以发出的光线经过很短的距离就会撞在等离子体中的某个离子上或者被反射。不过，越远离恒星的中心，等离子体的温度和密度就会越低。最终，当光线到达恒星物质的某个层面时，等离子体的密度降低到了相当稀薄的程度，使光线可以从恒星逃逸到外太空。我们所看到的恒星的范围，就是这个层面，也就是光线逃逸出恒星的地方。所以，我们可以把它视为恒星的表面。但是，光线从这个"表面"进入宇宙之前，一定会穿过恒星的上层大气。这里的气体温度已经相对较低，在气体中甚至存在原子。而这些原子活像一群"惹祸精"，在恒星的光谱上留下了揭示真相的"指纹"。

在吃自助餐排队时，可千万别站在我后面。虽然我在吃东西上并不算过分讲究，但我会花费漫长的时间，仔细地把沙拉碗中的莴苣和番茄挑出来，而且我还不吃黄瓜。但如果把原子比作一个挑剔的吃货的话，那它甚至比我还要糟糕。

恒星大气里的原子个个都是挑嘴的美食客。它们一小口、一小口，吃掉了光谱上特定波长的光线，在我们所观察到的恒星光谱上留下了一条条小小的黑线。它们为什么会这样做呢？

原子，是由原子核以及围绕原子核的电子组成的。这些电子的排列方式在很大程度上决定了原子对于光的作用。

原子在结构上有点像一个圆形剧场。原子核在剧场中央的舞台上，而电子坐在舞台周围不同楼层的座位上。每个楼层对应着不同的能量层级。如果一个光子（光的粒子）带有适当的能量，它就能让一个低层座位上的电子上升到更高的层级。要想做到这一点，这个光子所携带的能量，必须恰好是低层座位与更高的座位之间的能量差值。这个光子的能量必须精确地等于这两个层级之间的差额。同样，如果一个电子下降到更低的能量层级，那么它就会释放出一个具有特定能量的光子。

正是这一系列特定的能量层级，让原子成了一个挑食的吃客。光子的能量关系到它的波长，也就是说，原子中不同能量层级之间的差值，决定了这个原子能吸引什么波长的光线。不同的元素吸收不同波长的光，所以，通过检查光谱上的黑线，我们便可得知，究竟是哪种类型的原子在吃掉恒星发出的光。

光，来自恒星的内部。而恒星大气中的原子，会吸收掉特定波长的光。这些电子的能量向上跃迁数个层级，但最终会恢复到原有的能量层级，并释放出特定波长的光子。不过，这些重新被释放的光子，将会飞向四面八方，其中有很多光子甚至飞回了恒星。因此，恒星大气中的原子的净效应就是吸收掉特定波长的光线，从而让恒星的光谱上出现一条条黑色的线条。正是这些黑色的线条告诉我们这颗恒星的运动规律，而且有可能让我们知道是否有行星在围绕着它旋转。如果一颗恒星移向我们，它的光将会被挤压，使光谱中的这些黑色线条移向更蓝的波长。当一颗恒星远离我们，这些黑线就会移向更红的波长。

让我们来见一见本节所要介绍的行星吧。它的恒星被称为51 Peg，是一颗黄色的恒星，比太阳的温度稍低，距离我们50光年。由于天文学家们喜欢在类似太阳这样的恒星周围寻找行星，51 Peg 自然就成了他们的目标。

通过法国上普罗旺斯天文台的一台望远镜，天文学家们采集了 51 Peg 的光谱，把这颗恒星的光分成了不同的颜色。[1] 他们还采集了一盏特殊灯具的光谱，在这盏灯里，金属钍被加热到指定的温度，从而使其原子中的电子达到更高的能量层级。[2]

当这些电子恢复到原有的能量层级时，就会发出特定波长的光。

这盏能够发出已知的、可预测波长的光的灯，让天文学家可以精确地校准他们的观测仪器，准确地测量出 51 Peg 光谱中黑线的波长。

天文学家看到了什么？ 51 Peg 先是移向地球，然后远离地球。在它的光谱上的黑线先是向较蓝的波长移动，然后向较红的波长移动。然后再蓝移，然后再红移。就像我们之前用一级方程式赛车所做的类比，你坐在赛道的终点线处，闭上眼睛，听着赛车一圈圈地沿着赛道奔驰。你会听到赛车在终点直道上轰鸣着经过你的身边，转过环状赛道的远端，然后再一次经过终点线。

51 Peg 光谱上黑线的波长变动，告诉天文学家这颗恒星每 4 天就会接近地球、远离地球，再接近地球一次，这样周而复始。看起来它是和一颗行星一起，沿着一圈小小的轨道绕轴心运行。

但这颗名为 51 Peg b 的行星很奇怪。它能对恒星的运行产生如此巨大的扰动，说明它一定是颗巨大的行星，至少有木星的一半大。但它与恒星的距离仅是水星到太阳距离的 1/7。

图 1-2 炽热的类木行星 51 Peg b 的艺术概念图

　　这颗行星是在 1995 年被发现的,是人类世界所确定的第一颗环绕另一颗类太阳恒星运行的行星。它是一个名副其实的异星世界,一个预期之外的世界。它是那么巨大,所以它一定是像木星一样的气态巨行星。但它不像太阳系中的气态巨行星那样远离它的恒星,而是沿着比太阳系中所有行星都要小得多的轨道紧紧地围绕着恒星运行。

　　我们怎样才能发现更多像这样的异星世界？让我们把目光移向另一颗类似的行星。感谢我们的幸运，让我们对这颗行星了解得更多了一些。

2 遮掩恒星的世界

1999 年 8 月 11 日，那时保险公司还在使用纸质保险单。作为一名利用高中和大学之间的假期打工的学生，每天早上 8 点，我会收到保险公司派发的 400 份要寄出的保单，并在下午 4 点前在一个巨大的仓库的某处找到信封，把这些保单都封好。在这个特殊的日子，我在仓库里跑来跑去，尝试尽快把这成堆的信件封好，这样我就能提前溜走了。仓库外面比我想得要凉快，而我很快就弄清楚了其中的原因——半个太阳似乎不见了。

在上一节里，我们遇到了 51 Peg b。天文学家能发现这颗行星，是因为它稍稍扰动了它的母星光谱中的那些黑色线条。人们在 1995 年发现了 51 Peg b，在随后的几年中，人们还不断在太阳系外发现轨道极其接近其恒星的类木行星（被称为"热木星"）：16 Cygni Bb、47 Ursae Majoris b、Tau Boötis b、Gliese 876 b、HD 168443 b——这份名单看起来就像是一堆让人迷惑的字母和数字的组合。

除了几颗亮星有着专门的名字（通常为阿拉伯语），还有一些与个人利益相关的恒星以它们的研究者来命名，大多数恒星都只用目录编号或字母来命名。这可能是一个编号或字母，后面加上这颗恒星所在的星座名称；也可能用几个字母来表示这颗恒星所属的目录名称，后面再加上一个标识编码。在有些恒星的名字中，先是几个字母加上几个数字，然后是一个正号或负号，再接更多的数字。这是通过研究大片天空的影像，并通过数字来给其中每颗恒星的位置编码的方式。其中正、负号分别表示这颗恒星是在北半球还是在南半球。

有些恒星不只有一个名字，这可能是因为它们不仅在一个目录或研究中被发现，或者（对于那些亮星来说）地球上进行天文研究的种种文明赋予了它们许多不同的名字。

对于系外行星来说，在它们所属的恒星名称后面，总有一个小写字母。如果这颗行星是在某恒星周围发现的第一颗行星，它会带有字母"b"，第二颗行星则是"c"，以此类推。如果是双星系统，那么较亮的那颗恒星为"A"，较暗的为"B"。注意，在宇宙系统中，永远没有后缀为"a"的行星。你可以把恒星的名字看作是行星的姓，而后缀的字母则是行星的名字。姓在前，就像东亚和匈牙利的习俗。所以，以 16 Cygni Bb 为例，它是在天鹅座（Cygnus）一个多星系统中第二亮的恒星周围发现的第一颗行星。

在发现了 51 Peg b 之后不久，人们又发现了 HD 209458 b。这颗行星的最小质量相当于木星质量的 69%，以 3.5 天的公转周期，绕着一颗类太阳恒星运行。[1] 你会注意到，在讨论 51 Peg b 和现在这颗行星时，我都提到了最小质量，那是因为从地球上对一颗行星系的观测关系到一个微妙的效应。

天文学家之所以能发现 51 Peg b 和 HD 209458 b，是因为他们发现它们的母星会随着这些行星的公转，周期性地移向地球，再远离地球。通过这些观测，我们可以确定几件事情。首先，我们可以观察它们用了多长时间来完成接近我们、再远离我们、再回来的循环模式。这让我们可以确定轨道周期。其次，在恒星接近或远离我们的时候，有着它的最高速度。要想理解这个速度的意义，我们需要回到游乐场中，去找我们的犀牛朋友。

像以前一样，你和犀牛坐在跷跷板上。为了让跷跷板保持平衡，轴点与你的距离是它与犀牛距离的 30 倍。这时，让我们假设，你的一个朋友觉得跟这个庞然巨兽一起玩很有意思，于是也跳上了跷跷板，跟你坐在同一边。要想继续保持跷跷板的平衡，我们就必须调整轴点的位置，让它与你们的距离是与犀牛距离的 15 倍。

这个平衡规律也同样适用于行星系：与较小的行星相比，行星越大，就越能让恒星沿着更大的轨道旋转。与较远的行星相比，离恒星越近的行星，就会使恒星绕质心旋转一周的时间越短。速度等于距离除以时间。这两个因素相结合（经过一些代数运算之后），就意味着靠近恒星的巨大行星能够让它们的恒星以最高速度绕质心旋转。而速度越快，恒星光谱上的线条的红移或蓝移就越明显。相对于那些较暗的恒星，天文学家更易于在亮星周围检测到这种速度变动。像太阳这样在光谱中存在大量线条的恒星，也让天文学家们更易于检测。因此，第一批系外行星世界都是在比较明亮的类太阳恒星周围发现的。

　　我们可以把这个简单的场景变得更复杂一些。我们只能通过恒星光谱上黑色线条的改变来测算它接近或远离地球时的速度。想象一个正对着我们的行星系。它就像一枚摊到墙上的煎蛋。恒星位于中间的蛋黄处，而行星在蛋白的边缘绕恒星运动。其中，恒星会沿着一个小小的圆形轨道绕质心（也就是恒星与行星间的平衡轴心）转动：上方 12 点钟方向，然后 3 点钟方向，然后 6 点钟，然后 9 点钟，然后回到 12 点。恒星不会沿着你视线的方向前进或后退。因此，你在这颗恒星的光谱上不会看到黑色线条的变化。但是，如果我们从侧面观察同一颗行星系，我们就会看到这个恒星时而移向我们，时而远离我们，同时也在向左或向右运动。我们就能通过恒星光谱上线条的变化来发现这样一颗行星系。

　　我们观察一个恒星相对于行星系的角度，决定了我们能在多大程度上观测到恒星光谱上线条的变化。同时，行星的质量，以及这颗行星沿轨道公转一周所用的时间，也会对光谱上线条的变化产生影响。我们通过观察 HD 209458 这颗恒星完成接近我们，再远离我们的循环模式所使用的时间，可以确定它的行星的轨道周期，于是我们就可以去掉这个因数。但我们仍然不知道这颗行星的质量，也不确定我们观察这颗行星系的角度，而这两个因数同样影响着光谱线条的变化程度。这是一个相当棘手的难题；我们该怎么解决它呢？我们的运气不错，HD 209458 b 做了一件令人惊讶的事，让我们获得了大量新的信息。

1999 年 9 月，恰好就在我所目睹的那次日食之后，天文学家正在监测恒星 HD 209458 的亮度，因为他们刚刚发现它拥有一颗行星 HD 209458 b。[2] 像这样一颗类似太阳的恒星都是矜持而单调的，不会突然大幅度地改变亮度。但在他们开始观测后不久，天文学家们就目睹了一件怪事：HD 209458 开始暗下去了。不同于月亮挡住半个太阳那种让我感到一丝凉意的日食，HD 209458 变暗的幅度很小，只有这颗恒星亮度的 1%—2%。但这件事与日食有着相同的原因：有东西挡住了 HD 209458 的光。一周后，当天文学家再次观测 HD 209458 的时候，发生了同样的现象。HD 209458 b 的轨道周期是一周两次。每一次他们都看到这颗行星挡住了它的恒星的一部分（也被称为凌星）。

这些天文观测告诉了我们一些事情。首先，我们知道了这颗行星会穿过我们和它的恒星之间。这意味着,从地球观察时,我们所看到的近乎是这颗行星系统的侧面。如果我们正对着一颗行星系,就像对着一枚粘在墙上的煎鸡蛋,在外层轨道的行星,永远也不会穿过我们和恒星之间。只有在我们从侧面去观察一颗行星的轨道时,这颗行星才会挡住它的恒星射向地球的光。

这让我们拥有了计算这颗行星的质量所需要的最后一点信息。结合我们观察这颗行星系的侧向角度,以及根据恒星光谱线条和公转周期所测算的轨道速度,我们得知 HD 209458 b 的质量大约是木星质量的 69%。

我们现在知道了,在行星发生凌星现象时,HD 209458 的变暗程度在 1%—2%。HD 209458 b 所挡住的那部分恒星光芒被称为凌星深度。回想我在 1999 年 8 月看到的那次日食。站在爱丁堡的仓库外面,我注意到天气有点变凉,天空有一点变暗。但在英国最南部,整个天空几乎完全变暗了。这是因为,从英国南部的康沃尔观察,月亮挡住了更多的太阳。这表明,在一次凌日或日食过程中,暗星体挡住恒星的程度,关系到恒星变暗的总量。

我们与太阳的距离是与月亮距离的 400 倍,同时,太阳的大小也大约是月亮的 400 倍。这意味着,从地球上看,太阳和月亮似乎差不多大,所以月亮可以挡住太阳。HD 209458 和它的行星 HD 209458 b 与地球的距离几乎相等,所以两个天体的体积的相对关系成了决定凌星深度的唯一因素。凌星深度等于行星半径与恒星半径的比值的平方。这就让天文学家们测算出HD 209458 b 的半径比木星大了39%，[3] 这就构成了一个问题。

天文学家运用复杂的巨行星的内部结构模型，早已预测了各种可能存在的巨行星，这其中既包括比木星略小的，也有可能相当于木星质量8倍的，还有半径大致相当于木星的。但HD 209458 b 的半径却比木星大39%，这表明这个模型是有所缺失的。

在观测HD 209458 b 之后的几年中，人们发现了更多存在凌星现象的"热木星"，其中大多数的体积都有所膨大。天文学家们注意到一个趋势，那就是"热木星"受到其主星的辐射越多，它的体积就会膨胀得越大。所以，来自恒星的辐射以某种方式加热了行星的内部，从而导致它的体积膨胀。天文学家们提出了各种各样的模型来解释这些膨胀的行星，但当前人们公认其中一个的猜想是最为合理的。它有点类似你或许会在家中发现的一个过程。

许多家庭中都有电暖气。它们有那种小的、便携式的，可以在房子里移来移去供热的，也有安装在墙上的，有一些还能模仿出燃煤的效果，就像我长大后在我父母客厅里的那台电暖炉。它的工作原理是让电流通过电热元件。在HD 209458 b 的内部也有着类似的现象，而这都取决于这颗行星面朝的方向。

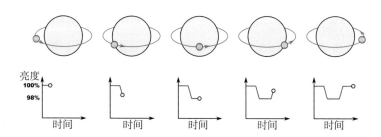

图 1-3 HD 209458 b 的位置影响观测时的亮度

HD 209458 b 在凌星时挡在恒星的正前方。上图表现了当它挡住恒星的光线时，导致恒星亮度的降低。

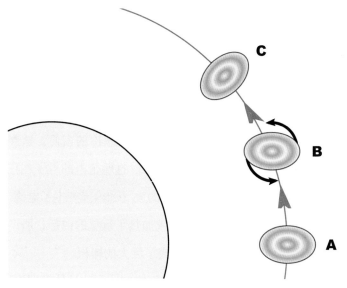

图 1-4 行星在轨道中运行

（A）恒星引力将一颗热木星拉伸成椭球形；（B）当这颗行星在轨道中运行时，恒星引力拉扯着行星隆起的部分，从而让这个面朝向恒星；（C）行星的隆起面仍然朝向恒星。在这幅图中，行星形变的比例被放大了。

HD 209458 b 有一点像月亮。不，它不是由岩石构成的，而且由于它那巨大的重力，在它的上面打高尔夫球，可要比在月球表面糟糕多了。但它就和月球一样，总是把相同的面朝向它的母星。至于月亮，那是因为地球的引力把我们在天空上的这个伙伴稍稍拉伸了一些，所以月球朝向地球的那个面是略有隆起的。当月球绕着地球旋转时，地球的引力总是在把这个隆起的面拉向地球。如果月球要微微旋转的话，那么地球的引力会把这个隆起的面重新拉回到面向地球的位置。这意味着我们在地球上永远只能看到月亮那个相同的、熟悉的面。

这个过程被称为潮汐锁定。它同样发生在 HD 209458 b 上，它的母星则是这一过程的引力源。由于这颗行星总是只有一个面朝向恒星，只有一个面被加热。这导致比地球上的飓风还要快 10 倍的巨大气流从行星炎热的昼侧吹向寒冷的夜侧。这颗行星的大气热到足以夺走原子中的电子。这些带电的粒子在狂风和行星磁场的共同作用下，在行星的大气和内部产生了电流。就像电暖气里的电流一样，这些电流加热了行星的内部，所产生的热量让行星膨胀起来，从而形成了巨大的体积。[4]

在这个用于解释 HD 209458 b 那膨胀的体积的最佳模型中，提出在它的大气中存在着剧烈的风暴。我们怎样才能更进一步地观察到这些狂风的效果呢？我们能找到证据，证明它们在行星的大气中推动了巨量的气体流动吗？

3 狂暴的世界

一弯新月的首次出现，标志着穆斯林莱麦丹斋月的开始。随着一缕银色月光的出现，大约17亿人开始为期一个月的斋戒、赈济和祈祷。他们不是唯一借助我们夜空中的近邻制定历法的文明，印度人、犹太人和中国人都遵循着月相的变化来制定历法，基督教的复活节也是由月相的变化来决定的。

不仅月亮有圆缺之变，当天文学家第一次通过望远镜观察水星和金星时，他们发现这些行星也会在环绕太阳的过程中改变形状。当然，这些天体并不是在它们公转的过程中真的改变了形状。我们在太阳系中的这几颗岩质行星上所看到的光，差不多都是阳光的反射。有时，地球上的我们所处的位置，让我们看到这些行星上明亮的昼侧更多一些，有时我们所看到的黑暗的夜侧更多一些。

在上一节中，我们遇见了 HD 209458 b，一颗挡住它的母星光芒的行星。这导致它在每次绕着它的恒星旋转时，我们在地球上都会看到这颗恒星变暗了一些。我们把这个过程进行了一些简化，把 HD 209458 b 当作一个挡住了它的恒星部分光芒的完美的黑色圆盘。不过，这些行星当然是真实的三维世界。为了表明这一点，让我们来见一见另一颗与它非常相似的星体。

人们是根据行星对其母星光谱上的黑色线条的影响，使用视向速度法发现的 HD 189733 b。[1]人们发现这颗行星也会凌星，挡住它的母星的一部分光芒。它的恒星的温度比太阳稍低一些，但是，因为 HD 189733 b 的质量比木星大 14%，而且有着一条周期为 2.2 天的紧密的公转轨道，所以它仍然是一颗名副其实的"热木星"。

2007 年，天文学家使用斯皮策太空望远镜观测 HD 189733 b 的母星。[2]他们确确实实地观测到了凌星现象，这颗行星横穿地球和它的恒星之间，并且挡住了恒星的光。这次凌星导致这颗恒星的亮度下降了 2%。在凌星结束后，这些天文学家继续他们的观测，于是他们看到了一个奇怪的现象。凌星之后，这颗恒星恢复了它的正常亮度。接着它甚至变得更亮了。这次变动并不大，其幅度略低于这颗恒星正常亮度的 0.25%。随后，这颗恒星突然再次变暗，这次的变动幅度是 0.3%。这次亮度下降的幅度远远小于凌星期间的亮度变化，而且，它发生在错误的时间，几乎正好是凌星之后的半个轨道周期。

是什么导致了这样的变化模式呢？

在我们的太阳系中，我们可以观察到金星在环绕太阳时的亮度变化。我们可以用肉眼看到这种变化，而不需要望远镜来分辨金星在特定的时候处于什么相位（全被照亮、1/4 还是仅有一隅）。有两个因素影响着金星亮度的改变。首先，金星在公转的过程中，离我们越远，就显得越暗。其次，我们看到金星的昼侧越多，它就显得越亮。HD 189733 b 离我们非常遥远，所以我们可以忽略它因轨道位置的些许改变而引起亮度的细微改变。不过，如果我们能够看到 HD 189733 b 的更多昼侧，我们就能观察到它的亮度的改变。

当 HD 189733 b 在凌星过程中处于它的恒星的正前方时，它的昼侧完全面向它的主星。这意味着当 HD 189733 b 处于它的母星和我们之间时，它的夜侧朝向地球。随着这颗行星在轨道上的运行，我们越来越多地看到它的昼侧露了出来。这解释了为什么我们所观测到的亮度在逐渐增高。这并不是因为 HD 189733 b 的主星变得更亮了；而是因为这颗行星更多的昼侧露了出来。

回想天文学家所观察到的变化模式，当 HD 189733 凌星时，它的恒星的亮度下降了 2%，随后亮度逐渐上升 0.25%，再降低 0.3%。是什么引起了亮度的降低？线索在时间上，差不多在 HD 189733 凌星之后的半个轨道周期。在这时候，这颗行星应该完全在它的恒星后面。天文学家所看到的是 HD 189733 b 完全被它的母星遮住了。

这似乎完全解释了天文学家通过斯皮策太空望远镜所看到的现象。但是，在这些观测数据中有一些微小的特征提供了 HD 189733 b 的另外一些信息。

从 HD 189733 b 凌星结束到它完全被恒星所遮住，这颗行星和它的恒星共同让亮度提升了 0.25%。在这期间，我们先观察到的是恒星加上行星的夜侧的亮度，然后看到的是恒星加上行星的昼侧的亮度。因此，HD 189733 b 的昼侧和夜侧的亮度的差值相当于其母星亮度的 0.25%。当 HD 189733 b 被它的恒星遮住之后，这对恒星和行星的亮度下降了 0.3%。在这个时候，我们既看不到这颗行星的昼侧，也看不到它的夜侧。综合以上两个因素，你可以得出一个结论，那就是 HD 189733 b 的夜侧的亮度相当于其恒星亮度的 0.05%，所以它的夜侧并不是完全黑暗的。

到这里为止，我们已经花费了很大的篇幅来讲述恒星的光。我们讨论大部分的是可见光，它既在 51 Peg b 的光谱上，也是 HD 209458 b 在每次公转时都会挡住的它的恒星所发出的光。不过，恒星放射出的光线的种类之多，已经远远超出了我们的眼睛所能看到的范围。

有一个流传甚广但可能并不真实的传说，是关于北极深处的原住民，在他们的每一种语言中，都有数不清的词汇组合来形容雪。然而，在英语里，我们的确有许许多多的词汇来描述同一样东西，那就是光。看看报刊上的天文学文章，你会看到很多字眼，诸如伽马射线、紫外线、微波、无线电波、X射线、热辐射，当然，还有可见光本身。所有这些词汇都是不同种类的光线的名称。它们有着不同的波长。而波长决定了光的颜色，从伽马射线到X射线到紫外线到可见光到热辐射到微波到无线电波。

在宇宙中，形形色色的天体，通过不同的物理过程，放射出不同频率、不同种类的光线。天空在时时刻刻向我们发送着绚烂多彩的信号，远远超出了我们的眼睛所能感知的范围。

斯皮策太空望远镜可以帮助我们看到地基望远镜上的传统相机可能看不到的一些光。它可以观测红外线，这种光线也被称为热辐射。蓝光的波长是0.4微米。红光的波长是0.7微米。红外线的波长比红光还要长，地面上的望远镜可以观测到一些红外线，但波长大于3微米的红外线最好使用太空望远镜来观测。这一方面是因为地球本身也放射红外线，另一方面是因为地球的大气挡住了大量这样波长的光线。

斯皮策太空望远镜在波长8微米的红外线范围上对HD 189733 b和它的主星进行观测。之所以选择这样的波长是有原因的。至于这件事，电视上的天气节目主持人却总会把你搞糊涂。

在炎热的夏天，气象图上布满了红色和橙色。而在6个月后，随着气温的下降，蓝色则覆盖了气象图。生活在温带国家的人们都很熟悉这个画面。但是，在天文学家看来，这是彻底弄颠倒了。

温度较高的恒星在蓝光的波长范围内显得最亮。温度较低的恒星在红光的范围内显得最亮。太阳的温度是5500℃，在黄绿光的范围内显得最亮。像HD 189733 b这样的行星，在被其恒星的加热作用下，达到了大约1000℃的温度。这意味着它在红外线的波长范围下显得最亮，在大约8微米的波长下更易于看到。像恒星或行星这些天体的温度不仅决定了它们的颜色，也决定了它们的亮度。与体积相同但温度较低的天体相比，一个温度更高的天体在所有的波长下都会放射出更多的光线。另一个决定天体亮度的因素是体积，恒星的体积越大，就会比温度相同但体积较小的恒星放射出更多的光线。

天文学家已经估算了HD 189733 b的昼侧和夜侧的亮度，而且因为它凌星，所以天文学家也能够知道它的大小。这意味着他们可以计算出它的温度。他们确定它在昼侧的温度大约是950℃，夜侧的温度是700℃。[3] 在红外线上，这颗行星本身所发出的光线的总量，要比它所反射的恒星的光芒还要多得多。

像HD 209458 b一样，HD 189733 b紧紧地依偎着它的恒星，所以它也被潮汐锁定了。这意味着，它总是把同一侧朝向它的恒星。这是因为恒星的引力从一开始就把这颗行星拉伸成了椭球形，并牵引着这椭球形中隆起的一面，迫使这颗行星在公转过程中始终把这一面朝向恒星。

这意味着，这颗恒星总是在加热 HD 189733 b 的昼侧，让这颗行星最接近恒星的位置时刻都在体验着正午的酷热。但恒星并没有加热 HD 189733 b 的夜侧，为什么夜侧也会达到 700℃的高温呢？

到这里，我们已经探讨了天文学家观测系外恒星和行星的许多方法。但还有另一种方法来探索这些异星世界，那就是在计算机中制作一颗行星的理论模型。

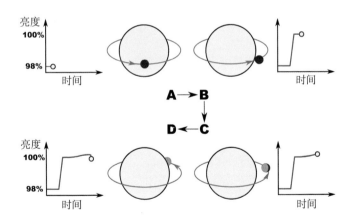

图 1-5 HD 189733 b 昼侧和夜侧的亮度

（A）HD 189733 b 在凌星中挡住了它的恒星的部分光线；（B）可以观察到这颗行星的夜侧和恒星；（C）行星明亮的昼侧露了出来，提高了在地球上所观测到的亮度；（D）恒星挡住了行星。

　　天文学家制作了有着潮汐锁定现象的热木星的大气模型。他们发现，当恒星始终加热行星的一侧而非另一侧时，就会在这颗行星的大气中引发巨大的湍流和旋涡。[4]这些湍涡催生并推动着环绕整颗行星的强大的东风气流，从而导致这颗行星大气中最热的点，向东稍稍偏离了恒星的光线始终直射的地点。在环绕恒星的过程中，HD 189733 b 亮度最高的时刻，并不处于它即将被恒星挡住的前一刻，而在 1/20 个轨道周期之前。在这时，地球上的我们能够最清楚地观察到这个向东偏移的热区。

　　现在，我们已经见到了 HD 189733 b，知道了这颗行星的大气中的狂风在重新分配着热量。可我们还有其他方法来探索这些异星世界的大气吗？

4 大气的微光

有一种大家都很熟悉的影片。它可能是关于太空的纪录片，或者大卫·爱登堡的电视节目的前导片。最开始，镜头从太空俯瞰地球，暗淡无光。随着激昂的音乐，太阳从地球的边缘探出头来，它的光芒穿过地球的大气，映射出七彩的颜色。不一会儿，地球上的一大片地方都沐浴在阳光里了。我提起它，并不是想让你为我们地球世界的壮丽和宝贵而感叹。这样的镜头序列中包含着我们研究系外行星世界的一种重要方法。

在第 2 节中遇到 HD 209458 b 时，我们看到，每当这颗行星运行到它的恒星正前方时，就会挡住恒星的光芒。在本质上，我们可以把这颗恒星看作一个发光的球体，而这颗行星是挡在它前面的黑色圆盘。在本节中，由国际空间站（ISS）所提供的那张图像很好地说明了这种模型为什么不是完全正确的。没错，地球是挡住太阳光的一个黑色圆盘，但有着一层薄薄的大气环绕着它。而阳光，是可以穿过这层大气的。

本节的行星，WASP-19b，也是一颗热木星。它以 19 小时的公转周期环绕着一颗温度比太阳稍低的橘黄色恒星转动。[1]这颗行星本身比木星的质量大 11%。另外，跟其他热木星一样，它的体积有所膨胀，比我们太阳系中巨大的木星的半径还要大40%。[2]

这颗行星的与众不同之处在于人们发现它的过程。之前所介绍的 3 颗行星都是通过视向速度法发现的。这种方法是通过研究恒星光谱上的黑色线条，从而确定恒星是否受到了其行星的影响而沿着某个轨道转动。但 WASP-19b 并不是通过这样费时费力地观测一个亮星的光谱来发现的。天文学家借助许多小望远镜，每个对准天空中的一小块地方，从而得到一大片天空的图像。我所说的小望远镜，是真正意义上的小望远镜。发现这颗行星的 WASP 阵列，是由许许多多高质量的望远镜组成的。其中的一些望远镜甚至是从 eBay 上买来的。[3] 这些望远镜组合在一起，为天文学家提供了广阔的视野，让他们可以监测一大片天空中众多恒星的亮度。如果环绕这些恒星运行的某一颗行星发生凌星现象，挡在了恒星的正前方，那么这颗恒星的亮度就会降低，位于望远镜后方的探测器就会观测到这一现象。而天文学家则会进一步监测这颗恒星，看看它的行星是否会在下个轨道周期中再次挡住它。WASP-19b 就是这样被发现的。

让我们回想一下，太阳从地球背后缓缓升起，阳光穿过大气层的画面。假设你远离地球，非常非常远，远到可以看到地球比太阳小得多。再假设你在这个位置看到地球的凌日现象——地球经过了太阳的正前方，就像我们观察系外行星的凌星现象一样。岩质的地球会挡住一小部分太阳，也挡住了来自这部分太阳的光线。但日光会穿过地球周围那薄薄的一圈大气。

©NASA

图 1-6 太阳初升时的地球

从国际空间站（ISS）看去，在初升的太阳的映照下，大地之上的大气层宛如一条窄窄的银边。

WASP-19b 不是像地球这样的岩质行星，而是一颗气态巨行星。尽管它的大部分气体过于致密、浓厚，使恒星的光难以穿透，但在凌星的过程中，环绕它的那一圈薄薄的大气层仍然会被恒星的光芒所照亮。

大气会对穿过其中的恒星的光产生什么影响呢？还记得恒星的光线在逃逸到太空之前，会先受到恒星大气中的原子的啃噬吗？行星大气中的原子也会做同样的事情。不仅是原子，分子也会发生同样的效应。在光谱学中，分子是真正的饕餮之徒。它们吞噬掉大量的光子，在光谱上所留下的黑线远远要比原子所留下的粗得多。

当你在白天往窗外看的时候，你也能看到大气对恒星光芒的另外一些影响。为什么天空是蓝色的？因为地球大气中的原子和分子散射了来自太阳的光线。看看那湛蓝的天空。在你目之所及的地方，来自太阳的光线已经一头撞上了地球的大气层，并且散射到了四面八方。你看到它是蓝色的，首先是因为一些散射光进入了你的眼睛，其次是因为这些原子和分子散射的蓝光比红光多。在污染严重的日子里，你也许会看到烟雾。这是由于空气中悬浮的气溶胶粒子在散射光线。这些烟雾也散射光线。它们所反射的蓝光比红光多。在行星的大气中，这些烟雾会把蓝色的恒星光线散射到太空中。这意味着，凌星时，在恒星的光线中，只有较少的蓝光能够穿过行星的大气层到达地球并被观察者感知到。

云彩是光线散射的另一个例子。它反射来自太阳的光线，不让光线穿过。无论光线是什么颜色，都会被这些云彩挡住。云层会挡住恒星的光线，并且遮住下面的大气层，让观察者难以观察云层之下的一切。

在系外行星的大气中可能同时发生这 3 种现象，而这 3 种现象都会造成一个结果，那就是减少来自恒星，以直线的形式穿过行星的大气，直接到达观察者的光线的总量。这表明，在凌星时，尽管恒星的光线完全不能透过行星的中间部分，但环绕行星的薄薄的大气层却只能阻挡和散射掉一部分光线。

这意味着，行星的大气影响着在凌星过程中行星对恒星亮度的降低程度。在一颗行星凌星时，我们通过望远镜所接收到的恒星光线中，带有能够透露这颗行星大气信息的密码。

天文学家要怎么做，才能收集和破译 WASP-19b 的凌星所隐藏的信息呢？他们需要测量在许多不同颜色的光线下的凌星深度（被行星挡住的恒星光线总量）。他们可以每分钟采集两次 WASP-19b 的恒星的光谱，也可以透过许多不同颜色的滤镜来测量这个恒星的亮度。还记得光线的颜色是由光线的波长来决定的吗？所有这些技术都是探求在不同波长的光线下的凌星深度。

像地球一样，WASP-19b 的星体是它的母星的光线完全无法穿透的。这表示凌星深度有一个最小值。在这个基础上，环绕这颗行星的薄薄大气层也会吸收和散射光线。这个吸收和散射光线的总量依赖于恒星光线的波长。这意味着，在某些波长上，更多的光线会被吸收和散射，那么在这些波长上的凌星深度就大于其他波长。

天文学家并不是偶然间选择 WASP-19b 作为他们的观察目标，以期有所发现的。他们有来自理论家的帮助。这些人是为各种各样的天体建造数学和计算机模型的天文学家。然后，观察者利用这些模型来解释他们的观测结果，并规划新的观测计划。

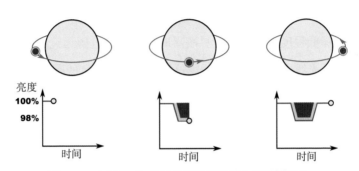

图 1-7 WASP-19b 母星的光线无法完全穿透其星体

恒星的光线完全不能穿过 WASP-19b 的星体（在图中用深灰色表示）。但恒星的光线可以穿过星体周围薄薄的大气层（以橘黄色表示）。大气也能吸收和散射恒星的光线，但它对于某些波长的光线要比其他波长吸收和散射得更多。

理论家所建立的模型告诉天文学家要去观察的目标。普通行星那过于稀薄的大气层不会在很大程度上改变凌星的深度。但在另一方面，一个巨大的、膨胀的行星的大气，能吸收更多的恒星光线，最大限度地影响凌星的深度。天文学家也要考虑行星的母星的亮度。天文学家在研究恒星时要观测这些恒星放射出了多少光线。他们所接收的一个恒星的光线越多，对它的亮度的测量就越准确。对于一颗环绕暗星的行星，天文学家需要在凌星的过程中进行更长时间的观察，才能获得一次准确的测量所需要的足够的光。这就意味着，与观测一颗亮星的行星的凌星过程相比，在一颗暗星的行星的凌星过程中，天文学家所能完成的观测更少。完成的观测越多，就越有助于解决另一个问题：稳定性。

人类在为同一个事物想出五花八门的名称上表现出了不可思议的能力。比如说，面包卷在英国各地分别被称为黄油包、卷子、圆面包、软面包或酵母糕。有一种流行的儿童游戏，也在不同的国家有着不同的名称：在美国，它被称为"电话机"，在德国叫"机密邮件"，在马来西亚叫"坏电话"，但游戏的内容都是相同的，都是依次传话，并且在传话时改变句子里的词汇。

在天文学中，对于恒星光线的观测也有一个类似的过程。恒星的光线进入地球的大气层，经过大气的吸收或散射，随后进入望远镜，经过一个个透镜和镜片，最终到达探测器。恒星的光线在以上每个步骤中都有可能受到影响，很像上面那个流行的儿童游戏中所传递的句子。而且光线受到影响的方式也可能随着时间慢慢改变。大气、望远镜、光学部件和探测器，所有这些都是传递这则信息的中间媒介，而有时它们会改变信息并且不再稳定。

然而，天文学家也具有一个优势，不像游戏中的孩子们只有一句传来传去的句子，天文学家可以同时监测多颗恒星。这些恒星都有着自己固有的亮度，且不会受到其他恒星的影响。所以，如果这些恒星的亮度同时改变了，那么一定是传递信息的某个中间媒介出了问题，导致了这种改变。于是，天文学家可以校正这种误差，使变量仅仅是观测目标的信号本身。

在热木星的大气模型的帮助下，几组天文学家已经测出了WASP-19b在不同波长下的凌星深度。他们同时还监测着几颗参考恒星的亮度，从而测定我们的大气、望远镜、光学部件和探测器会对WASP-19b的母星的观测结果造成什么影响，并校正他们所发现的一切误差。

各个研究团队发现，WASP-19b在凌星中，会在所有的波长挡住它的恒星光线总量的1.9%。这是由于这颗行星的星体会挡住恒星发出的所有波长的光线。不过，在这1.9%的凌星深度的最小值之上，更多的光线在某些波段被吸收了。这些差值并不很大，这颗行星周围那薄薄的大气层挡住了少于0.25%的恒星光线。但是在水分子吸收恒星光线的波段有着确凿的变动。[4] 还有一个研究团队发现，这颗行星的大气中存在氧化钛的证据，以及在更短、更蓝的波长上有一个明显的上升趋势，表明越来越多的蓝光被散射了。[5] 但另一个研究团队，使用更细致的WASP-19b的恒星光线模型，却声称既没有发现蓝光散射的增加，也没有发现氧化钛的迹象。[6]

　　对于 WASP-19b 大气的探索告诉了我们什么呢？我们能看到在它的大气中存在着水蒸气。这表明这颗行星的大气温度不仅足够低到可以生成水分子，而且这温度恰好允许水分子在恒星的光谱上留下一条粗大的黑线。但是，在光谱上表明有水分子的存在，并不代表这颗行星是一个像地球一样的拥有海洋的世界。像木星一样的气态巨行星的大气中也存在着水蒸气。甚至有一些温度较低的恒星也会由于大气中的水蒸气而在它们的光谱上留下水的特征。近年来，对于更短、更蓝的波段的一次平谱研究表明，WASP-19b 上笼罩着厚厚的高空云层。

　　到现在为止，我们已经遇到了 4 个极为离奇的异星世界。它们都具有与木星相似的质量，并且它们的轨道都非常靠近它们的恒星。这表明这些系外恒星可能与我们太阳系中的恒星存在着非常大的差异。但我们还有一个问题没有解决，那就是为什么这些巨大的行星会这样靠近它们的恒星？

5 逆向的世界

完美，是种琐细的无聊。生活中最大的讽刺，莫过于我们唯一能追求的，只有还未实现的改良。

——威廉·萨默塞特·毛姆（W. Somerset Maugham）[1]

完美并不存在。

——安德烈斯·伊涅斯塔（Andrés Iniesta）[2]

在本书中，到现在为止，我们已经讨论了恒星，以及环绕它们的行星。我们曾经把恒星看作一个完美的发光球体，并多次提到了恒星的大气。在 17 世纪之前，天体的完美论在西方天文界是非常盛行的。天体曾经被视为是美好的、神圣的，因此也是完美的。

遗憾的是，这并不是真的。通过望远镜对太阳和月球的第一次观察，表明前者的表面有着不断变化的黑色斑点，而后者的表面则布满了火山坑和怪石嶙峋的山脉。真是幸运，那种属于天空的完美并不存在，因为那只会让人感到"琐细的无聊"。恒星比某种完美的发光球体好玩多了。而且，正是因为恒星不完美，才有助于我们理解热木星为什么会形成它们现在这样古怪的公转轨道。

既然太阳不是天空中某种完美的球体，那么它就必须遵循物理法则。这就带来了两个问题。

首先，太阳发光。这就意味着，它在不断地向外辐射热量。因此，它要么会不断地冷却下去，要么就是有某种能量源为它提供能量。其次，太阳是一个硕大的物质球。必然存在着某种原因，让它没有因为自身的重力而坍缩。

这两个问题真的很让 19 世纪的科学家们头疼。他们知道地球是很古老的。因为他们身边随处可见的岩石上，都布满了冰川和火山侵蚀的痕迹。他们最熟悉的燃料是煤炭这类东西。但他们发现这些燃料并不是保持太阳热量的理想能源，因为它们不能为太阳在亿万年中的发光发热提供足够的能量。当时的一位科学巨人，苏格兰物理学家开尔文勋爵，花费了几十年的时间，徒劳无功地试图通过各种理论来解释太阳的能量来源。有一次，他甚至提出了一种理论，认为是不间断的、极为密集的流星雨为太阳提供了能量。[3]

开尔文勋爵关于太阳的理论如此离谱倒不是他的错。直到20世纪，两个重要的拼图碎片的出现才帮人们解开了太阳能量的谜题。首先，塞西莉亚·佩恩－加波施金证明了太阳是由氢气和氦气组成的，而非某些人所认为的太阳是和地球一样的岩质星体。其次，人们发现了核聚变。这两个科学发现共同让我们建立了太阳与其他恒星活动的基本模型。

人们发现，在恒星内部有一个原子炉。恒星物质极其巨大的质量产生了自上而下的压力，将这个原子炉加热到了1000万℃以上。恒星核心的极高温度，让氢气的原子核可以进行聚变反应。这一反应为恒星制造了能量，并避免了恒星自身的坍缩。

恒星内核中燃烧的氢气，在核聚变所产生的能量和恒星放射到太空的能量之间达成了平衡。这一能量也加热了恒星核心，并支撑着恒星以免它因自身的重力而坍缩。

恒星越大，压迫核心的恒星物质越多，它的核心温度就越高，导致更多的核聚变反应，也让恒星向太空放射出更多的能量。越大的恒星，其外层温度也就越高。正如前文所提到的，与电视里天气预报节目中的气温分布图恰恰相反，温度较高的恒星是蓝色的，而温度较低的恒星是红色的。

能量产生于像太阳这样的恒星内核，再从恒星的外层发散出去。也许你已经注意到逻辑在这里所缺失的一环：能量是怎么传导到恒星外层的呢？

恒星有两种方式来传导能量。一种是辐射式的，也就是恒星的每一层加热其外的一层（更远离内核的一层）。另一种是对流式的，就像酷热日子里在柏油路上升腾的热气，恒星深处的热物质上升，从而转移热量。

恒星上既有辐射式的能量传导区域，也有对流式的区域。大型恒星（质量大于太阳 1.5 倍以上的恒星）拥有对流的内核和辐射的包层。这里的包层是指从恒星核心直到"表面"之下的部分。无论是太阳，还是其他恒星，都不具有坚硬的外壳或液态的表面。在太阳上，距离表面最近的一层物质非常稀薄，以致光线可以逃逸到太空。太阳，以及与太阳质量相近的恒星，具有辐射的内核和对流的包层。质量最小的那些恒星，其质量小于太阳质量的一半，则完全通过对流来传导能量。

还记得第一次用望远镜观察太阳时发现太阳表面的斑斑点点吗？这些斑点揭示了另一些科学现象：通过跟踪这些斑点在太阳表面的连续横向运动，我们发现太阳在转动。太阳自转的轴心与围绕它旋转的各行星的轨道轴心是基本一致的。这说明太阳的自转方向与各颗行星围绕它旋转时的运行方向相同。

太阳的自转也带来了另一个结果：随着太阳的转动，它的一半转向我们，而另一半则转离我们。还记得 51 Peg b 的恒星在接近我们时变得更蓝，而远离我们时更红吗？这一现象也同样表现在太阳的不同部分上。太阳向我们转过来的部分显得更蓝一点，而转离我们的部分则更红一点。对于太阳光谱中的每根深色线条，太阳大气中原子的每次轻轻啃噬，都会使我们看到的来自太阳转向我们那部分的光线显得更蓝，来自远离我们的那部分的光线则更红。这让太阳光谱上的每根线条更宽，而不是变成你所预想那样狭窄而尖锐的线条。恒星转得越快，它的光谱上的线条就越宽。

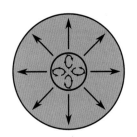

图 1-8 大质量恒星（左）、类太阳恒星（中）和小质量恒星（右）的结构
其中直线表示辐射，弧线表示对流。图中并未按比例缩放。

　　本节要介绍的行星，HAT-P-7b，是一颗热木星。它的半径比木星大 40%，质量比木星大 75%。这颗行星所围绕的恒星比太阳的温度稍高，距离我们大约 1000 光年。就像所有的热木星一样，这颗行星的公转轨道离恒星很近，每 2.2 天就围绕恒星转动一圈。[4]

　　人们通过凌星法发现了 HAT-P-7b，因为每圈公转时它都会遮住它的主星的些许光芒。要是天文学家们有一台强大到离谱的望远镜，足以看清 HAT-P-7b 的恒星，他们会像在地球上观察太阳一样看到一个圆盘。这颗行星每次穿过地球上的观察者和它的恒星之间的时候，它首先遮住圆盘的边缘，随后穿过圆盘，最终到达圆盘的另一边。有时它会横穿圆盘的中部，有时它只是掠过圆盘的边缘。

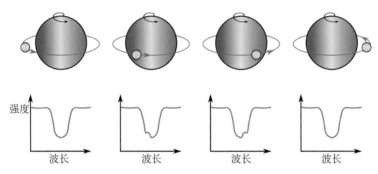

图 1-9 一颗自转的恒星被它的行星凌星

　　在这里，恒星的自转与行星的公转方向是一致的。在凌星过程中，行星在不同的时间挡住恒星的不同部分，从而改变恒星光谱中每一根线条的形状。

　　每次凌星时，HAT-P-7b 会遮住其恒星的不同部分。如果说这颗恒星是转动的，那么它必然会有一部分在转向我们，另一部分转离我们。如果在凌星时，HAT-P-7b 遮住的是恒星转向我们的那部分的光线，它会减少恒星所有光谱线中的部分蓝移光。由于这时恒星光谱线中的红移光多于蓝移光，看起来就像这颗恒星开始远离我们。反之，如果 HAT-P-7b 遮住的是恒星转离我们的那部分，那么这个恒星的每根光谱线中的红移光会减少，因此每根光谱线会呈现出更多的蓝移光，看起来就像这颗恒星正在向我们移动。

大多数行星围绕恒星公转的方向与恒星自转的方向相同。在太阳系中，每颗行星都是这样。在这样一颗行星凌日时，你会先观测到太阳光谱线向偏红的波长的转变，然后才是偏蓝的波长。但对于一颗公转轨道与恒星自转方向相垂直的行星来说，其凌星时的现象则会截然不同。它仅仅穿过恒星红移或蓝移的部分，所以你在光谱线上只会观测到单向的运动。

HAT-P-7b 的确有一些与众不同。它先稍稍遮住恒星转离我们的部分，再稍稍遮住恒星转向我们的部分。HAT-P-7b 似乎在反向绕恒星转动！

一颗行星怎么会反向绕恒星转动呢？行星形成的理论模型预测，一颗巨大的行星是难以在恒星附近形成的。HAT-P-7b 很可能形成在距离其恒星更远的地方，并且按照恒星自转的相同方向绕恒星转动。随后，围绕这颗恒星的其他某个星体开始影响到 HAT-P-7b。也许是在更远的轨道上绕恒星运动的另一颗行星，也许在遥远的宇宙中还有另一颗恒星，与这颗恒星构成了双星系统，但无论如何，某个星体开始对 HAT-P-7b 产生了强大的引力影响。随着时间推移，这些影响拉伸了 HAT-P-

7b 的轨道，使其从圆形变成了椭圆形，随后又导致其轨道收缩，拉近了 HAT-P-7b 与恒星的距离。终于，强大的引力扭曲了 HAT-P-7b 的公转轨道，使其公转方向偏离了恒星的自转方向。最终，这种扭曲严重到让 HAT-P-7b 的公转轨道垂直于恒星的自转方向。然后经历了甚至更长的时间，HAT-P-7b 的轨道翻转过来。它开始反向绕恒星转动。

其实，HAT-P-7b 的公转轨道并没有彻底翻转。它翻转了 120 度，而不是完全的 180 度。尽管如此，这足以让它反向绕恒星运行。[5]

值得注意的是，正如科学中常见的情况，对于像 HAT-P-7b 这样的热木星的轨道还有其他的科学解释。最被人们广为接受的另一种理论是这颗行星还处于物质盘中时就发生了位置迁移，并形成在它的母星附近。同样，这个体系中的另一颗行星或恒星导致了 HAT-P-7b 轨道的扭曲，要么是扭曲了孕育它的物质盘，要么就是在它形成后又翻转了它的轨道。

从 20 世纪 90 年代末开始，天文学家已经设法观察了 200 多颗行星，测量它们的公转轨道与其恒星的自转轴是否匹配。这些观测结果揭示了一个非常有趣的事情：环绕低温恒星的热木星的轨道往往是与它们的恒星的自转相匹配的。而那些温度高于 5800℃的恒星周围的热木星往往不匹配。[6] 天文学家用于解释这一现象的一种最好的理论是，这些行星先是被推入扭曲甚至反向的轨道，随后开始影响到它们的恒星的自转。[7]

在地球上，我们常常看到潮汐。潮汐的发生，是因为月球的引力吸引了地球海洋中的水。通过潮汐，月球的引力使地球上产生了两个隆起，其中一个朝向月球，另一个在地球的另一侧。在热木星与它的恒星之间，也有着类似的过程。热木星的引力会将它们的母星稍稍拉长，从而使恒星上产生一个朝向它们的微小隆起。

这个隆起会随着行星的公转而转动。它也会与恒星的其他部分发生互动，牵扯着恒星。这个过程会让行星逐渐失去公转的一部分动力，从而渐渐靠近恒星。但它对恒星的牵拽，也会让恒星开始沿着与行星公转相同的方向进行自转。

反向公转的行星可以影响它们的恒星的自转，并最终让恒星自转的方向与行星公转的方向渐渐一致。但我们为什么只看到像 HAT-P-7b 这样的行星会以相反的方向绕着高温恒星公转呢？

这个答案需要回溯到低温恒星具有高温恒星没有的对流包层上。这个不断搅动的包层产生了一个强大的磁场。每颗恒星都会放射出带电粒子所组成的风。地球极地附近壮观的极光现象就是由太阳风引起的。由低温恒星所产生的强大的磁场试图抓住这股粒子风。当粒子风离开恒星时，它仍然被锁在磁场中。就像旋转的滑冰者会伸出双臂来减缓他们的速度，粒子风带走了低温恒星的旋转动量，并导致它的自转变慢。

　　对于一颗热木星而言，要改变一颗缓慢旋转的低温恒星的自转方向，要比改变一颗快速旋转的高温恒星的自转方向容易得多。因此，对于一颗以反向或扭曲轨道公转的热木星来说，如果它所环绕的是一颗低温恒星，它就能够逐渐改变恒星的自转方向，让恒星最终以与自己公转相同的方向进行自转。但对于一颗类似的行星，如果它所环绕的是一颗高温恒星，那么它就无法改变恒星的自转方向。

　　到此为止，我们已经见到了5个非常奇特的异星世界，了解了它们的大气和轨道。但是，在太阳系外，有没有一些世界，与我们的地球更为相似呢？

第二章
向地球

在宇宙中，存在着难以计数的、各种各样的岩质行星。但在这亿万颗行星中，仅仅去寻找类似于地球的那一颗，就像度假中的英国游客，只顾寻找炸鱼和薯条的餐馆，而不去品尝全世界形形色色的奇妙美食一样。

6 黑暗中的火花

　　"别玩你的食物"——全世界的父母都喜欢把这句话挂在嘴边。不幸的是，美国某个一流大学的学生们并不遵从。大约在 1920 年，耶鲁大学的学生们开始用吃完的食品容器玩游戏。他们在校园里到处投掷来自当地的福瑞斯比派饼店的锡饼盘。后来，一家曾经使用其他名称来制售飞盘的加州公司，决定使用"福瑞斯比"这个名称来营销它们的产品，这可能就是指耶鲁学生们所玩的那个游戏。[1]

　　在历史上，常常有为了某种目的而设计出来的东西，却被用在了其他用途上。至于我们将要遇到的下一颗行星，天文学家在发现它的时候所使用的技术，原本就是用于发现另一种完全不同的天体的。

　　天文学是一门非常适合发表在媒体上的科学。闪亮的恒星和巨大的气态星云组成的壮丽景色，都非常容易吸引读者的注意力，无论他们是在上班路上匆匆翻阅报纸，还是在休息时浏览新闻网站。在天文学中，最能够吸引媒体注意力的三大主题是：行星、黑洞和暗物质。这三个主题，都包含在了本节所要介绍的行星的故事中。

这三大主题中的最后一个——暗物质——是现代天体物理学中最大的一个谜团。天文学家可以通过观察一个星系或星系团中的恒星和气体的运动，从而测算出这个星系或星系团的质量。在像银河系这样的旋涡星系中，我们可以看到由恒星组成的星系盘在围绕星系的中心旋转。通过观测这些星系的光谱上的黑色线条，我们可以计算出这个星系盘中不同部分的移动速度。星系盘中的恒星在它们的轨道上移动得越快，就需要越多的质量来拉住它们，使它们不至于飞出轨道。天文学家也能确定各个星系中的恒星分布情况，从而估算出所有那些恒星的总质量。

天文学家根据星系中所有恒星的总质量，测算出仅仅在这一总质量的约束下，恒星所能达到的轨道速度，并且将测算出的理论速度与实际观测到的恒星轨道速度进行对比。他们发现，这些恒星的实际轨道速度，要比他们所测算出的理论速度快得多。这说明，还存在着其他的质量，将这些恒星约束在轨道上。人们通常把这些看不到的质量称为暗物质。在人们发现了暗物质之后不久，天文学家开始提出各种各样的理论来解释暗物质到底是什么。一种理论认为，存在着人类尚未发现的粒子。这种粒子有质量（因此产生引力），但除引力外不能以其它任何形式与宇宙中的原子和光产生互动。另一种理论认为，在宇宙中充满了密度极大的天体，这些天体不发出光，或者只发出微弱的光。它们可能是古老的、冷却下来的白矮星（早已死去的恒星的残骸）。它们也可能是连光线都无法逃脱的黑洞。

那么，我们怎么去研究不发光的天体呢？没错，你可以利用已知它所具有的一个特性——引力。

1919 年，两组天文学家去非常偏远的地方观察日食。其中一组天文学家前往大西洋上的普林西比岛，另一组去了巴西北部的索布拉尔。这些天文学家在那里可不仅仅是张大了嘴巴看着太阳消失在月亮背后。他们在寻找另一样东西——恒星。[2]

在日全食过程中，天空非常暗，足以让人们看到星星。"那又怎么样？"你也许会说，"晚上的天空也很暗，等到晚上再看星星吧"。天文学家要在日食时观察恒星，因为这时他们可以观察到在天上看起来跟太阳很近的那些恒星。从这些恒星发出的光，在到达地球前一定会经过太阳旁边。在太阳引力的影响下，这些光线经过的路径有一点弯曲。这改变了恒星在天空中的位置。在一年中的其他时间，太阳是在天空的其他部分。这时，天文学家就可以测算出这些恒星在晚上的真实位置。这样，在日食过程中，他们就可以测算出在太阳引力的扭曲效应下，这些恒星的位置发生了多大的改变。

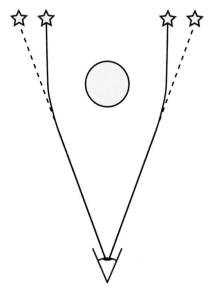

图 2-1 日食时观察恒星

太阳的引力折曲了来自恒星的光线（图中实线）。这导致在地球上的观察者看起来（图中以眼睛表示）恒星似乎改变了位置。在日食期间可以观察到这些位置上的改变。

两组观测队伍都观测到了天空中太阳附近的恒星位置的扭曲。两队的天文学家也都发现太阳对恒星光线的弯曲完全符合阿尔伯特·爱因斯坦在他的广义相对论中所做出的预测。世界各大媒体都使用了巨大的篇幅来报道这个惊人的观测结果。爱因斯坦也从一位饱受赞誉的学者成为世界名人。所有这一切都是因为太阳可以像一个巨大的放大镜一样影响光线。

不仅是太阳，所有恒星的引力都可以像放大镜一样弯曲光线。甚至是所有死去的恒星，所有的黑洞也都可以。在人类寻找我们银河系中的暗物质时，这些"放大镜"就派上了用场。

仰望星空，你很自然地会以为恒星的位置都是固定不动的。真实情况恰恰相反。银河系就像一个处于早高峰的城市，每个恒星都在各自的轨道上急匆匆地绕着银河系的中心旋转。其中，大多数恒星都在以同样的方向沿着轨道运行。但是，就像城市中喧嚣、忙乱的交通一样，有些恒星会穿过其他恒星的路径，有些恒星会超越其他恒星，还有一些恒星会落在后面。这些恒星有着让人难以置信的速度。如果以这个巨大星系盘中恒星的总体运动为参考，毗邻太阳的那些恒星的相对速度比喷气式战斗机还要快 10 倍。而在这川流不息的"恒星车流"中，最快的恒星比这个速度还要快 10 倍。那些恒星看起来似乎固定不动的原因是它们离地球太远了，它们要花费几百年的时间，才能在天空中移动一段足以让你用肉眼可以觉察的距离。

假设，你的视线穿过许多条车道，盯着位于最远的那条车道上的一辆车，那么一定会有车频繁地从你和那辆车之间经过，并且挡住你看向那辆车的视线。回到我们在银河中由恒星组成的"车流"，一颗恒星经过另一颗恒星的正前方，并且挡住那颗恒星的光线，这种可能性很小。但正如我们已经看到的，恒星可以另辟蹊径：像一个巨大的放大镜一样弯曲光线。

可是，所有这些又和暗物质有什么关系呢？或者说，与系外行星又有什么关系呢？对于在宇宙中这些看不见、摸不着的物质来说，一种解释是它们是由像黑洞这样密度极高但不发光的天体组成的。那些黑洞就像恒星一样，绕着银河系的中心旋转。现在，假设有一个黑洞经过了一颗恒星的正前方。而且，恰好有天文学家正在测这颗恒星。黑洞，就像恒星一样，在巨大的引力下能够像放大镜一样弯曲光线。这意味着，那颗恒星的光线在经过黑洞时，会被黑洞的引力所聚焦。在地球上，我们通过放大镜聚焦太阳光来点火。尽管这与黑洞引力的聚焦效应并不是完全相同的，却有着类似的结果。从地球上观察，在"黑洞放大镜"的作用下，这颗恒星会变得更亮。

天文学家们试图确定，像黑洞这样不发光，但有着极大质量的天体，是否是构成暗物质的主体。于是，他们对天空开展了一项研究活动。他们把望远镜对准了一片恒星密集的天区。大麦哲伦星云，那是非常靠近银河系的一个星系。他们希望会经常看到那些恒星中的一颗会突然变亮，进而证明我们银河系中的某个黑洞经过了这颗恒星的正前方，这被称为微引力透镜事件。

对于微引力透镜事件的这次研究所找到的黑洞，以及其他不发光但密度极高的天体的数量，并不足以解释暗物质的存在。所以，我们当时最佳的科学猜想是，这些暗物质是由一些很少与原子和光发生互动的奇特粒子所组成。

微引力透镜，作为一门天文学的研究技术，尽管没有证明黑洞在我们银河系的暗物质中占有巨大的比重，但就像在耶鲁大学的校园中被学生们投掷的"福瑞斯比"派饼的锡盘一样，这门技术还有着其他的应用。

一颗恒星在经过另一颗恒星的正前方时，可能会引起微引力透镜效应。这颗穿过我们与后景恒星之间的恒星通常被称为"透镜"。行星也有质量，也能引起微引力透镜效应。但它们的质量较小，因此引起的微引力透镜效应也很小。不过，如果一颗行星恰好在围绕着一颗"透镜"恒星旋转，那么这就是在一个放大镜的上面又叠加了另一个放大镜，暂时增强了放大的效应，并让后景的恒星看起来更亮一些。

2005 年 7 月，位于智利的一台波兰望远镜监测着一个恒星密集的天区，他们注意到一颗恒星开始变亮。于是在 7 月 11 日，他们发布了一则警告：这是一次微引力透镜事件。来自各个国际合作组织的望远镜开始监测这颗恒星。这些天文台位于智利、夏威夷、新西兰和澳大利亚西部。通过向全世界传递观测信息，从而保证这个事件可以得到不间断的监测，即使在某些天文台所处的地点多云或白天的时候也不会中断。

　　这颗后景恒星的亮度在 7 月 31 日达到顶峰后开始下降。随后，似乎整个事件就要这样无惊无险地走向结束时，奇特的事情发生了。首先是智利的一台望远镜看到了这颗恒星亮度的升高，然后位于智利的另一台望远镜也看到了，其次是新西兰，最后是澳大利亚西部。这正是他们一直在寻找的，透镜效应的一次小小的增强。这是由环绕"透镜"恒星的一颗行星所引起的。[3]

　　让我们来见一见这颗行星世界吧。就是它在微引力透镜事件即将结束前，让后景恒星的亮度再次上升。它被称为 OGLE-2005-390L b。它与我们在本书中迄今所介绍的其他世界都不一样。OGLE-2005-390L b 不是人类借助微引力透镜技术发现的第一颗行星。就在它被发现之前，人们刚刚利用微引力透镜技术发现了两颗类木行星。OGLE-2005-390L b 的质量比木星小得多，甚至小于海王星的质量。根据微引力透镜事件的特征分析，天文学家估计 OGLE-2005-390L b 的质量相当于地球的 5.4 倍，比海王星的 1/3 还要少。

　　所以，再一次，我们遇到了一个异星世界，而我们在太阳系中无法找到与它相似的行星。它的大小处于类地行和冰态巨行星之间。像这样的行星世界，我们既可以把它称为超级地球，也可以称为小海王星。

　　OGLE-2005-390L b，与之前两个通过微引力透镜技术所发现的行星世界一样，它们所处的公转轨道与之前节所介绍的热木星的轨道截然不同。只有当它们与其恒星的距离达到地日距离的数倍的时候，它们对于微引力透镜的放大效应的增强才能达到最大限度。与之相比，51 Peg b 的轨道距离只有地日距离的 1/20。OGLE-2005-390L b 的微引力透镜事件的特征表明，它与恒星的距离至少相当于 2.1 个地日距离。

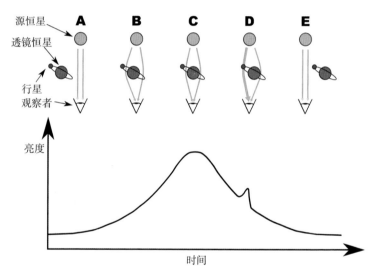

图 2-2 OGLE-2005-390L b 的微引力透镜事件中，后景源恒星亮度的变化

（A）微引力透镜事件开始；（B）源恒星受到微引力透镜的影响而被放大，亮度增加；（C）恒星的亮度达到峰值；（D）在恒星亮度下降的过程中，行星提供了额外的微引力透镜提升，短暂地提高了亮度；（E）微引力透镜事件结束。

我们在上一章所遇到的热木星，它们所环绕的恒星都类似于太阳。OGLE-2005-390L b 所环绕的是一颗小型恒星。这颗恒星的质量小于太阳质量的 1/4。因此，这颗恒星的温度也比太阳低。与类似于太阳的恒星相比，这种低温的红色恒星在银河系中要常见得多。

通过微引力透镜技术来寻找行星，都会有一个持续几个星期的微引力透镜事件，同时伴有一个持续数天的由行星引起的亮度突然增强。一旦这个微引力透镜事件结束，以我们目前可用的技术手段就无法再去对这颗行星进行观测。OGLE-2005-390L b 在我们看来就像是一个持续了一天的火花，但恒星亮度的突然增强就是我们在地球上所能观测到的一切了。之后，我们就无法再对这颗行星进行观测，以计算它的半径或研究它的大气。

这并不意味着通过微引力透镜技术所发现的行星是毫无意义的。这个技术提供了一个窗口，让我们可以窥见那些为数众多的，在距离恒星相对较远的公转轨道上运行的小型行星。而这些目标是其他技术难以甄别的。微引力透镜技术所发现的行星是其他技术难以企及的。我们知道，有很多的行星世界在围绕着其它恒星旋转，但是，在银河系中究竟有多少颗行星呢？它们都处于什么种类的轨道之上？像地球这样的世界是常见的还是绝无仅有的呢？

所以，我们如何能够找到更多小型的行星世界，并且弄清楚其中有多少世界像地球一样呢？首先，我们需要遇见一个非常特别的航天器。这个航天器最终会给予我们答案。

7 时间错乱的世界

你很想知道那样的人，在你的社交圈子里，对每件事都会习惯性迟到，总是狼狈地冲到门口的那个人。或者，你也许也认识某人，像时钟一样准时，总是提前15分钟，在你还没有完全准备好的时候就会出现的那个人。本节我们所要介绍的行星，就有着十分随意的时间习惯。有时它会来得太早，有时又会太晚。

到目前为止，我们所遇到的行星分别是通过3种不同的方法被发现的：视向速度法、凌星法和微引力透镜法。这些行星的发现者，这些天文学家中的许多人，在开始他们在天文学领域的研究生涯时，所使用的都是那些小型的，常常是老式的天文望远镜。而那些最先进的大型望远镜往往被用于天文学的其他研究领域。

就在 51 Peg b 被发现的 10 年后，才开始出现专门用于系外行星探索的航天器。首先是法国在 2006 年主导的 COROT 系外行星探测卫星，其次是 NASA 在 2009 年发射的开普勒太空望远镜。

开普勒航天器位于太空，使用一台机载的望远镜恒定地指向一片天空。这使它可以持续监测 15 万颗恒星的亮度。如果一颗行星发生凌星现象，挡在了其中一颗恒星的正前方，那么开普勒太空望远镜会发现这颗恒星亮度的降低。它所观察的恒星和行星距离我们非常遥远，所以在本质上，开普勒太空望远镜在观察凌星现象时与地球上望远镜的观察视角是相同的。

前几节，我们就讨论过，来自恒星的信息会经过不可靠的媒介的传递——大气、望远镜、探测器。而开普勒太空望远镜在观测这些恒星的亮度时，不会受到地球大气层的干扰。

开普勒太空望远镜宁静地凝视着太空。与之形成鲜明对照的，是这个太空任务得名的那位天文学家却不得不面对混乱的研究环境。约翰尼斯·开普勒准确地计算出环绕太阳的各颗行星的轨道。但他不得不暂停他的科学研究，为他的母亲卡塔琳娜所受到的施行巫术的指控进行辩护。[1] 他也有一位个性鲜明的赞助人——脾气古怪的神圣罗马帝国皇帝鲁道夫二世。这个皇帝痴迷于占星术和点金术。16 世纪意大利画家朱塞佩·阿尔钦博托就以他为模特，画出了那幅著名的蔬菜拼贴画。鲁道夫二世收集各种异想天开、稀奇古怪的东西，甚至有一头老虎在他的宫殿里漫游。[2] 谢天谢地，现代的天文学家不至于为了争取自己的研究经费而不得不面对这个皇帝的好奇心。

开普勒太空望远镜从投入运行开始就卓有成效。一开始，它先观测了一些之前所发现的热木星。随后，它自己也发现了几颗热木星。它的观测看起来前途光明，表明这台望远镜能够非常精确地观测这些行星的凌星深度。

开普勒太空望远镜所发现的第 9 个行星系统，被称为"开普勒 -9"，是它所发现的第一个包括多颗行星的系统。之前，人类借助视向速度法，也发现过一些拥有多颗行星的系统，但开普勒 -9 是开普勒太空望远镜所发现的第一个多行星系统。[3]

这个系统包括两颗气态巨行星，其质量为土星质量的 1/2 到 1/3。一颗行星，本节的主角，围绕恒星公转的轨道周期略少于 19 天。另一颗行星的轨道周期略少于 39 天。这颗行星系统中还包括一个更小的凌星信号，看起来就像一颗离恒星近一些的超级地球。这颗行星在最初的发现论文中没有表现出适当的特性，所以天文学家把它放在一边，而把注意力放在了它的两个较大的兄弟身上。

在此之前，我们所遇到的凌星的行星犹如时钟般准确。每次公转，这些行星都会准时地经过它们的恒星的正前方，而我们在地球上可以观察到恒星亮度的降低。

但开普勒 -9 有些奇怪。不像我们之前观测过的其他系统，这两颗行星并不按照你所期待的可预测的、准确的时间进行凌星。有时，在凌星时，处于内侧轨道的行星（开普勒 –9b）会晚 20 分钟，而外侧轨道的行星（开普勒 –9c）则可能提前 1 个小时。而 1 个月后，观测到的情况却恰恰相反，开普勒 –9b 提前了 20 分钟，开普勒 –9c 却迟到了 1 个小时。是什么导致了这种变化？为什么会违反正常的凌星现象那准时的规律？

给物理系的学生出卷子有时候是很棘手的。我是否可以确定他们通读了解决这些问题所需要的材料？所有这些学生都理解这个问题的设定吗？（我还记得我在上大学本科时，有个德国学生被一道考试题弄糊涂了。这道题涉及一个正在滚动的板球，而他对这个问题的回答却好像把它当作了一个正在滚动的十瓶保龄球。）最后，这个问题有解吗？

一次普通的快速提问，可能会涉及围绕一颗恒星转动的一颗行星。我也许会让学生算出这颗行星的轨道周期，也许会让他们估算这颗行星会诱导它的恒星产生多大的视向速度变化。可是，如果你把另一颗行星加到这个系统中，问题就变得困难多了。这就让这个问题不再是一个简单的 5 分或 10 分的问题，而且超出了对学生知识和能力的快速当堂测试的范畴。

当有两颗或更多的行星在环绕着一颗恒星转动时，就不存在某种简单、清楚的轨道计算方法，无法用纸笔快速计算出它们的轨道参数。在这个系统中，行星不仅在绕着恒星旋转，两颗行星之间也存在着细小的引力牵绊。不过，在这种混沌之中，大自然会以它特有的优雅方式，为其自身安排一种适当的结构形态。

在开普勒 -9 系统中的这两颗巨行星，都在围绕着它们的恒星转动。内侧的行星运行得更快，因此有时它会在它的轨道上超过外侧的行星。这时，两颗行星距离最近，因此它们相互的引力影响也最大。这时，它们会互相给对方施加引力上的影响，轻微地改变对方的公转轨道。

在一些行星系统里，这种互动可能会导致引力作用的叠加，一个接着另一个，从而大幅度地改变行星的公转轨道。甚至某颗行星最终会因受到过多的引力影响，而被完全抛出原有的行星系统。一些行星会在它们的轨道中受到来自其他行星的微弱的引力影响，但这些影响会在几个轨道较长的周期中逐渐达到平衡。在一个系统中的数颗行星也可能最终形成某种特殊的轨道关系。这被称为"轨道共振"，指两颗行星的轨道周期互为简单数学比。比如说，在我们太阳系中的冥王星（一颗矮行星）环绕太阳的周期就是海王星的轨道周期的 1.5 倍（它们的轨道周期的比率为 3 : 2）。

开普勒 -9 系统中的两颗巨行星以相对较近的轨道环绕着它们的恒星旋转。经过亿万年的引力影响，开普勒 -9 的行星系统一直在发展、进化，最终才形成我们在今天所看到的样子。

在现在的开普勒 –9 的行星系统中，开普勒 –9c 的轨道周期大致相当于开普勒 –9b 的轨道周期的两倍。这两颗行星之间的引力互动，有时会导致它们会稍稍偏离这种特殊的轨道，有时，其中的一颗行星环绕恒星的速度会变快，而另一颗则会变慢，有时的情况则恰恰相反。

正是由引力影响所诱发的行星轨道的微小改变，导致这些行星的凌星时间并不像天文学家们所期待的那么规律。只有对于天文的好奇心是不够的，我们还需要一门用于探索行星特性的研究技术。

在开普勒 –9 的行星系统中，引力影响的规模取决于每颗行星的质量。这意味着，天文学家可以使用这两颗行星公转轨道的计算机模型，结合对它们凌星时间的变化的观测，从而推算出这两颗行星的质量范围。

发现了开普勒 –9 的研究团队，根据这两颗行星发生凌星现象的时间变化情况，确定这两颗行星的质量大约相当于土星质量的一半。他们能够观测到开普勒 –9 系统中的母星在视向速度上的变化情况。他们的观测结果也进一步确认了根据凌星时间变分法所推算的行星质量是准确的。

开普勒 –9 系统的恒星的亮度足以让天文学家进行准确的视向速度观测。不幸的是，这种情况并不适用于所有拥有行星的恒星。为了观测恒星的视向速度，天文学家把恒星的光分解成光谱。实际上，这是存储着不同颜色光线的大量的数据箱。恒星越亮，在光谱中的每个数据箱中就有更多的光线，对这个数据箱的观测就会更准确。

想象一下，你要调查 16 个人的年龄，把他们分到 8 个不同的年龄组。平均每个年龄组应该有两个人。不过，出于偶然，也可能在 40—50 岁的年龄组里有 4 个人。而在 30—40 岁的年龄组里却没有人。那么现在你有多大的自信可以声称，在你所采样的人口里，没有人处于 30—40 岁？如果对 1600 人做同样的调查，平均计算，在每个年龄组应该有 200 人。不过，调查发现，在 40—50 岁年龄组有 400 人，而在 30—40 岁年龄组没有人。而这时，你就会对这个调查结果的意义有着更大的自信了。这同样适用于亮星：在光谱的每个数据箱里的光线越多，天文学家就会对这些数据箱中的观测结果更有自信。

即使使用最大的望远镜进行长时间的观察，许多暗星也不足以为每个数据箱提供足够的光线，从而保证天文学家能够准确地观测到它们的视向速度。因此，通过观察这些恒星的视向速度的改变，不足以计算出环绕这些暗星运行的行星的质量，因此凌星时间变分法对于测算这些行星的质量就至关重要了。

凌星时间变分法，不仅让我们能够确定行星的质量，还能告诉我们关于开普勒 -9 系统的其他一些信息：它是真实的。行星在凌星时间上的改变，正是天文学家期待在一个真实的行星系统中看到的现象。在开普勒 -9 系统中，我们可以观察到行星凌星时间的改变这个事实，恰恰说明开普勒 -9 是一个真实的行星系统。不幸的是，情况并非总是这么美好。宇宙中充满了离奇古怪的现象。在这其中，许多宇宙现象可以模仿出行星凌星的信号特征。[4] 所以，天文学家怎么才能分辨出，一个周期性变暗的恒星，是否真的有一颗行星系统在环绕着它旋转呢？还有，他们怎么才能确定宇宙并没有欺骗他们来相信这件事呢？

让我们回想一下，行星凌星的信号特征在本质上就是，一颗恒星的可观察亮度的降低。天文学家用凌星深度来衡量它，即被行星挡住的光线除以未发生行星凌星前，地球上的一个观察者所能收到的这个恒星的光线总量。但是，如果并不是凌星天体的全部面积挡住了恒星的光又怎么办？也许凌星的天体要大得多，但是只有它实际面积的一小部分位于地球和恒星之间，挡住了恒星射向地球的光线。从地球看，这种掠过恒星边缘的凌星现象，就像一颗小得多的行星挡住了同样数量的恒星光线。

还有一种可能性，尽管开普勒太空望远镜所看到的似乎是来自一颗恒星的光线，但实际上是来自好几颗紧紧靠拢在一起的恒星。这些恒星之间可能相隔几百光年，但在天空上看起来却非常近，从而成了开普勒太空望远镜中的一个像素。在这种情况下，天文学家会把它当作一颗恒星来进行观测。

　　我们来看看这样一个反常的能够模仿行星凌星现象的天文学案例。开普勒所观察的恒星中，有一颗恒星距离我们大约500光年。在这颗恒星的后面，大约4500光年远的地方，还有一个双星系统。两颗恒星围绕着彼此旋转。如果从地球上单独观察这个双星系统中的任何一颗恒星，那么它的亮度仅有前景那颗恒星亮度的1/50。然而，出于偶然，前景的这颗恒星与后景的双星系统在开普勒太空望远镜中都落在了同一个像素上。这意味着，它们的亮度被算在了一起，其光线也被认为是来自同一颗恒星。双星系统中的每一颗恒星都为这颗不存在的恒星贡献了2%的亮度。让我们假设，在某个时刻，这个双星系统中的一颗恒星运行到了地球与双星系统的另一颗恒星之间。这意味着，双星系统中的一颗恒星会遮住另一颗恒星，挡住它到达开普勒太空望远镜的光线。由于这个双星系统中的每一颗恒星都为开普勒太空望远镜中的这个像素点贡献了2%的总亮度，所以，从开普勒太空望远镜看去，这个像素点的总亮度下降了2%。双星系统中的两颗恒星每发生一次遮蔽，这个现象就会出现一次。所以如果从开普勒太空望远镜看去，一个类似太阳恒星的亮度周期性地下降2%，正是一颗巨行星在环绕着这颗恒星的信号。

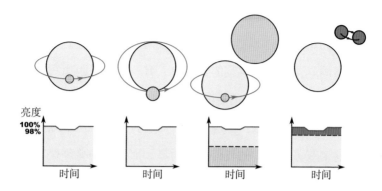

图 2-3 开普勒太空望远镜在凌星巡天扫描中的误报

　　左侧，一颗真正的行星：一颗行星在凌星中导致恒星亮度下降 2%。中左，掠过边缘的凌星：一颗更大的行星在凌星中，仅有一部分星体挡住了恒星，这导致了 2% 的凌星深度。中右，两颗恒星在望远镜视野中连成一片：一颗行星对一颗恒星进行凌星，但第二颗恒星也处于开普勒太空望远镜的同一个像素中。这导致天文学家观测到较小的凌星深度，并错误地估算行星的半径。右侧，后景中相互遮蔽的双星系统：一颗明亮的前景恒星的光线，"稀释"了后景的双星系统中一颗恒星对另一颗恒星的遮蔽。这在开普勒太空望远镜看来，就像是 2% 的凌星深度。

　　多个恒星的光重叠在开普勒太空望远镜的一个像素上，这也会让天文学家对行星的大小做出错误的判断。假设在开普勒太空望远镜的一个像素中有两颗亮度相同的恒星。如果有一颗热木星在围绕着其中的一颗恒星旋转，导致这颗恒星的亮度周期性地降低 2%。但两颗恒星的总亮度却只会下降 1%。这是开普勒太空望远镜所观测到的亮度下降值。天文学家在计算被行星遮住的恒星面积时，就会错误地少算一半，那么所推算的行星半径也会比行星的实际半径少30%。

即使在每个像素上只有一颗恒星，但这颗恒星的实际质量要比天文学家所推算的质量大得多，因此也可能会发生同样的错误。地球在凌日时，也许只遮住太阳面积的0.01%，挡住太阳光线的0.01%。而一个与木星大小差不多的行星在环绕一颗相当于太阳半径10倍的巨恒星运行时，它也会挡住恒星面积的0.01%，并且挡住这颗恒星0.01%的光线。

天文学家需要进行广泛的后续观测，以确认每颗行星的特性。对行星的母星的视向速度变化的观测，可以帮助我们算出行星的质量。天文学家能以此排除一个大型天体掠过恒星边缘的凌星现象，因为这样的天体原本应该具有更大的质量。拍摄行星的母星的高清晰度图像，有时也助于甄别那些落在开普勒太空望远镜的同一个像素上的其他行星，从而校正错误的凌星深度。制作不同颜色光线下的凌星光度曲线模型也能帮助我们排除双星系统相互遮蔽的可能性。

记住了这些，让我们来见一见一颗岩质行星，以及那与它截然不同的兄弟吧。

8 截然相反的兄弟

我们都认识那种相互之间完全不一样的兄弟姊妹。他们可能是名人，也可能是我们日常生活中的普通人。可能是埃里克·尼尔森，加拿大的前副首相以及他的兄弟，面无表情的喜剧演员——莱斯里·尼尔森。可能是一个安静的书呆子弟弟和他那无法无天的体育天才姐姐。可能是那个当校长的姑娘和她那个放浪形骸、游手好闲的哥哥。

行星也有与它们截然相反的兄弟姊妹。在我们的太阳系中，就有各不相同的行星：岩质的、气态的和冰态的。有些兄弟姊妹乍看起来很像，但仔细一端详又完全不同。

本节所要介绍的世界，开普勒－36b，是由开普勒太空望远镜在 2012 年通过凌星法所发现的一颗行星。它每 13.8 天绕它的恒星转动一圈。有趣的是，它还有一个完全不同的兄弟，开普勒－36c，公转轨道周期为 16.2 天。[1]

在开普勒太空望远镜发现这两颗行星之后，天文学家开始着手确定这两颗行星世界和它们的母星的特性。对于大多数拥有行星的恒星而言，这意味着估算恒星的温度和亮度，并使用一个模型来估算它的半径。估算出恒星的半径，再结合行星凌星时的亮度下降的幅度，就可以让天文学家测算出行星的半径。不过，在对开普勒－36系统中的恒星的研究上，天文学家可以利用一个有趣的物理效应，从而能够获得这个恒星半径的更为精确的测算值。因为这颗恒星会像铃铛一样发出声音。

看新闻的时候，你也许会看到关于灾难性地震的新闻，房屋倒塌，数以千计的灾民无家可归。让人感到奇怪的是，即使你住在世界的另一边，离你最近的地震台站也很可能会检测到这次地震。地壳的突然移动，让声波脉冲穿过我们地球熔融的内核，从而使地球的另一边也能检测到。

恒星没有外壳，但声波仍然可以穿过它们，就像乐器。在某个特定的谐波频率下，恒星会发出声音，这有一点像铃铛。这个特定的频率随着恒星的大小和内部结构而变化。在恒星内部的谐波脉冲也能导致它的亮度变化。这意味着，长期观测一颗恒星的亮度，然后考察这颗恒星明暗变换的规律，就能使天文学家知道这颗恒星的脉冲频率，并最终允许他们测算出它的性质。

通过使用开普勒太空望远镜对开普勒－36的亮度的长期观

测，天文学家能够确认这颗恒星是一颗肿胀的亚巨型恒星。它的温度和太阳相差无几，但它的半径却比太阳大 1.6 倍。这个估算的恒星半径，再结合对系统内两颗行星的凌星深度的观测，让天文学家知道了开普勒 –36b 的半径相当于 1.48 倍的地球半径，而开普勒 –36c 的半径相当于 3.68 倍的地球半径。

这两颗行星的公转轨道构成了轨道共振。开普勒 –36b 每环绕恒星 7 次的同时，开普勒 –36c 就会环绕 6 次。这两颗行星彼此施加微弱的引力影响，让它们时时进入和脱离同一个轨道共振，改变它们各自凌星的时间。这意味着我们可以通过凌星时间变分法来计算它们的质量。开普勒 –36b 的质量相当于地球质量的 4.3 倍，而开普勒 –36c 则拥有 7.7 倍的地球质量。如果把它们的质量，和它们的大小结合起来，就带来了一个惊人的问题。这两颗行星兄弟，沿着相似的轨道，围绕着同一颗恒星旋转，但它们的密度却相差了 8 倍。

在前文中，我们已经遇见过超级地球。OGLE–2005–390L b，以及开普勒 –9 系统中可能存在的第三颗行星，都属于这个级别的行星。当我们讨论热木星时，我们相当自然地联想到太阳系中与之相似的行星: 木星。但是, 超级地球却与地球完全不同，它比地球大得多。在我们太阳系中，比土星和木星小，却大于地球的行星是天王星和海王星。其中，海王星的半径相当于地球半径的 3.9 倍，质量相当于地球质量的 17 倍。海王星在物理构造上与地球完全不一样。地球是岩石构成的，拥有主要由氧气和氮气组成的薄薄的大气层。而海王星虽然也具有岩质核心，但在岩质核心之上却覆盖着一层超离子水，以及主要由氢气和氦气所组成的浓厚大气层。在开普勒 –36 系统中的两颗行星比地球大，但小于海王星。它们是大号的地球，小海王星，还是人类完全陌生的某种星球？

为了回答这个问题，天文学家为每颗行星制作了一系列计算机模型。每个模型都包含组成一颗行星的多个组成部分。比如，一个模型可能包含由岩质地幔所包裹的铁质地核。不同的材料有着不同的密度：铁的密度大于岩石，岩石的密度大于水，水的密度大于氢氦大气。这意味着，两个质量相同的行星，会因为不同的构成材料，而导致它们的大小有着天壤之别。一个铁质的固体行星，会比一个质量相同但完全是由水组成的行星小得多。

天文学家可以通过各种不同的材料来构成行星质量的不同组成部分，推演出多种行星模型，并估算每种行星模型所应具有的大小。然后，把这些计算机推演的行星半径与观测到的开普勒 –36 系统中的行星的实际半径进行比对。由 99% 的铁和 1% 的岩石组成的行星模型符合实际观测到的开普勒 –36b 的大小吗？不？那 98% 的铁和 2% 的岩石呢？不？没关系，换下一个模型。

开普勒 –36b 的密度比地球大一点。开普勒 –36b 的内部结构模型表明，如果它是由铁和岩石组成的，那么它应该具有一个铁质的地核，来构成它的质量的 30%，而岩质材料则构成它的质量的 70%。这些组成部分的相对比例与地球上的情况大致相同。

还有另一种可能性，开普勒 –36b 是一个水世界。它的岩石地幔被大量的水所覆盖着。根据一个包含 3 个组成部分（铁质地核、岩石地幔和水态外层）的模型，天文学家发现，开普勒 –36b 的总质量中最多有 23% 是由水构成的，那是厚厚的一个水层。最符合开普勒 –36b 的实际观测大小的模型表明，水态包层构成了这颗行星的总质量的 13%。[2]

在我们太阳系中的八大行星中，没有任何一颗行星是水世界。尽管地球拥有海洋，但水仅构成了地球总质量的很小一部分。不过，太阳系也为我们提供了一些可供研究的水世界。木星和土星的几个卫星都拥有岩质地核和厚厚的水层。然而，这些卫星处于太阳系中寒冷的区域，因此它们的表面都结着冰。它们的引力所引起的潮汐拉伸现象加热着它们的内部。这导致它们的地表之下存在着海洋。一些木星和土星探测器已经在木卫二、木卫三和木卫四这些卫星上找到了证据。然而，开普勒 –36b 上的温度很高，达到大约 800℃。这意味着，它的很大一部分水都是以蒸气形态存在的。

天文学家也测试了与海王星类似的模型是否适合开普

勒 –36b。这种模型中的行星拥有岩质或铁质地核、水态包层，以及氢、氦气体构成的大气。在这种情况下，模型显示，只有这颗行星质量的 1% 可能是由轻元素所组成的大气。这比氢氦气体在海王星的总质量中的占比要低得多。

所以，开普勒 –36b 并不是一个小型的海王星。它要么是具有铁质地核和岩质地幔的类地行星，要么就是一个水世界，在太阳系的各大行星中前所未见的全新星球。

同样的模型技术在对开普勒 –36c 的构成分析上给出了截然不同的答案。这颗行星比它的兄弟开普勒 –36b 大得多。开普勒 –36c 的密度非常低，所以它一定拥有由氢、氦等轻元素组成的大气。除此之外，我们很难确定它的大气之下究竟是什么。在开普勒 –36c 的大气之下可能是岩层，也可能是一颗被水层包裹的岩石地核，最上层是大气层。

开普勒 –36c 的这两种内部构造模型都需要符合已经观测到的这颗行星的大小。岩石的密度很大，所以为了与实际观测到的行星半径相匹配，那么纯岩质的内部构造模型就需要在岩质地核之上有着非常浓密的氢氦大气（大约为行星质量的9%[3]）。与之相对应的，是由水和岩石共同构成的内部构造模型，由于较低的密度，所以氢气、氦气所组成的大气只需要占行星质量的1%—2%。

于是，我们有了两颗行星世界：其中的一个是本节的主角，它要么是一颗岩质行星，要么是水的世界。因此，它是一颗名副其实的超级地球。它那更为蓬松、巨大的兄弟，拥有氢气和氦气所组成的大气，因此很可能是一个小型的海王星。这两个截然不同的兄弟是怎么形成的呢？

也许，这两颗行星形成在其恒星周围完全不同的两个地方。也许，在它们的恒星生命周期的早期，这两颗行星先后形成于不同的时间，这都会导致它们的内部构造完全不同。不过，还有一种可能性，那就是它们最初是由类似的物质构成的，但随着时间的推移，那些构成物质发生了改变。[4]

开普勒系统中的两颗行星都非常靠近它们的恒星，运行在较短的轨道上。行星形成的种种模型告诉我们，行星的体积越大，其形成地就会离它们的恒星越远。在第 10 节，我们将会遇到一颗正处于形成过程中的行星，这帮助我们更为详细地了解行星的形成过程。不过，在本节中，我们只需要知道一个基本事实，那就是行星是在环绕于年轻恒星周围的物质盘中形成的。行星在形成后可能会改变它们的轨道。这可能是因为它们受到了系统中其他天体微弱的引力影响（像 HAT-P-7b），也可能是因为它们受到了原行星盘中残留物质的影响。这意味着，行星在刚刚形成时可能离它们的母星很远，但最终会迁移到距离恒星很近的轨道上。

在开普勒 -36 系统中的两颗行星最初可能是在远离它们恒

星的位置形成的，随后又逐渐迁移到了轨道周期更短的轨道上。形成行星的物质盘是由气体（如氢气和氦气）和尘埃（岩石或金属物质的微粒）组成的。这些尘埃可能会黏附在一起，形成石块，而石块进一步地合并形成了行星胚胎。

　　在远离母星的地方，原行星盘的温度很低，足以让水或一氧化碳凝结成冰。这些物质可以黏附到正在形成的原行星上。原行星的引力也可以吸引像氢气、氦气这些气体。

　　一旦开普勒－36 周围的行星完成了形成和迁移轨道的过程，在系统中的两颗行星可能看起来非常相似：巨大的岩质地核、可能存在的环绕地核的水层，以及由氢气和氦气所构成的蓬松的大气。两颗行星之间有一个非常重要的区别。开普勒－36c 的质量要远大于开普勒－36b 的质量。这很重要，因为行星也在不断地与它们的恒星进行着战斗。

　　恒星会为行星提供光和热，但它们也会对行星起到一定的破坏作用。除了热量和可见光之外，恒星还会放出像 X 射线这样高能量的电磁辐射，以及高速粒子流。行星与它的恒星之间的距离越近，它受到的这种毁灭性的破坏就越大。经过亿万年的时间，这种破坏能够剥去行星的大气层。

　　开普勒－36 系统的各种模型表明，开普勒－36b 在形成之初所拥有的浓密的氢氦大气层已经在 10 亿年间渐渐消失。天文学家估计，开普勒－36 系统形成于 70 亿年前，所以恒星有足够的时间去侵噬开普勒-36b 的大气。

图 2-4 从可能为岩质行星的开普勒-36b 上看像小型海王星一样的
开普勒-36c 的艺术概念图

作为距离开普勒-36c 最近的星体，从开普勒-36b 看，开普勒-36c
将会有在地球上看到的满月的 2.5 倍大。

开普勒-36c 也要遭受到来自其恒星的 X 射线和高能粒子
的类似破坏作用。然而，开普勒-36c 从形成之初就拥有更大的质量。这让它拥有着更为强大的引力，来抵挡来自其恒星凶残的辐射的掠夺。即使在 70 亿年的破坏下，它仍能保持着它的氢氦大气层，这让它成了一个蓬松的小型海王星。

开普勒 -36 的行星系统同样也告诉了我们一些关于系外行星大致情况的重要信息。天文学家们对开普勒太空望远镜所发现的轨道周期小于 100 天的 2000 颗行星进行了一个采样调查，发现了很多像开普勒 -36c 这样的蓬松的小型海王星，以及大量像开普勒 -36b 这样的超级地球。在这两类行星之间存在着一个巨大的空白，那就是半径大约相当于地球半径的 1.8 倍的行星。[5] 这可能是因为质量小于开普勒 -36c 的行星，在遭受来自恒星的 X 射线的破坏时，无法保持住氢气、氦气等这些较轻的气体。

在本节中，我们见到了一颗巨大的，很可能是岩质的行星。它与它的"兄弟"完全不同，很可能是一颗大号地球。但那些像地球一样的行星呢？在太阳系外存在这样的行星吗？有多少这样的行星呢？

9 类似地球的世界

我们在新闻媒体上最经常看到的一种陈词滥调是把事业刚刚起步的某个人，或者某个团体，宣称为某个传奇巨星的下一个化身。变色龙般的年轻女星被吹捧为下一个梅丽尔·斯特丽普，灵活、矮小的球员都会标榜为下一个梅西，亲切、上进的政客都被称为下一个奥巴马。在对乐队的描述上也有着同样的毛病。因为甲壳虫热而出现的众多乐队，从"湾市狂飙者"到"绿洲"再到"单向"，都曾经被称为下一个"甲壳虫"乐队。天文学上也存在着类似的问题。

每当发现了一颗新行星，新闻媒体上的标题往往用如"迄今发现的最类似地球的行星"或者干脆用头号大字标题提出问题"下一个地球？"这种情绪是可以理解的。寻找其他行星的一个主要动机就是确定像地球这样的行星有多么普遍。问题在于，"类似地球"这个字眼很有弹性。就像那些新出道的女星、球员、政客或乐队，他们的身上可能有着各种各样的特质，可以与斯特丽普、梅西、奥巴马或"甲壳虫"乐队相媲美。一颗系外行星也可能存在着许多不同的方式与地球相提并论。一颗行星可能在大小、构造、大气化学成分或表面温度上与地球相似。不过，大量的因素决定了地球是一个独特的世界，我们不太可能找到一颗与地球完全相同的行星。

"HE SAYS HE'S FROM AN EARTHLIKE PLANET."

© 杂志《私眼》（*Private Eye*）和 Banx

图 2-5 "他说他来自一个酷似地球的行星。"

并不会发生这种事情，但我们仍然可以寻找在大小、构造甚至温度上类似地球的行星。

这并不意味着对"类地"行星的讨论是毫无意义的。重要的是要明白，没有和地球一模一样的行星。我们可以去发现有多少行星在大小、构造和接受其母星的辐射总量上与地球相似。在未来，我们还能够了解这些行星的大气特征。一些类似于地球的行星可能会孕育出生命。在宇宙中，存在着难以计数的、各种各样的岩质行星。但在这亿万颗行星中，仅仅去寻找类似于地球的那一颗，就像度假中的英国游客，只顾寻找炸鱼和薯条的餐馆，而不去品尝全世界那形形色色的奇妙美食一样。

本节所要介绍的行星是开普勒–10b。这颗行星是在 2011 年被发现的，即发现开普勒–36 系统的前一年。[1] 开普勒–10b 是一颗"类地"行星。对于这颗行星，这个"类地"倒是名副其实的。

开普勒太空望远镜通过凌星法发现了开普勒–10b。这颗行星每 20 小时绕它的恒星公转一圈。它的恒星在温度和质量上都比太阳稍低一些。开普勒–10 系统距离太阳大约有 500—600 光年。开普勒–10b 是一颗小型行星，半径相当于地球半径的 1.47 倍。[2] 通过观测这颗行星所导致的其恒星光谱上的黑线的变动，天文学家发现它的质量相当于地球质量的 3.3 倍。根据质量和半径，天文学家计算出开普勒–10b 的密度相当大，属于岩质行星这一类。它是由岩石和铁构成的，就像水星、金星、地球和火星。

开普勒–10b 是人类发现的第一颗明确为岩质的系外行星。在它之前所发现的另一颗行星，柯洛 7b（CoRoT-7b），随后也被确定为岩质行星，但那已经是在发现开普勒 –10b 之后的事情了。

开普勒 –10b 在其星体结构上与地球相似。同时，它所环绕的恒星也类似于太阳。不过，它在另一个方面却与地球完全不同，那就是它的表面温度。开普勒 –10b 极为靠近它的恒星，所以处于潮汐锁定状态。它的一面永远朝向它的母星，接收到的恒星辐射远远要比地球大得多。这两个因素决定了它的昼侧温度达到了大约 1500℃。这意味着它无法孕育出基于液态水的生命。我们可以把它看作一颗炽热的类地行星或一颗超级水星。

开普勒 –10b 的发现具有重大意义，它标志着第一颗被发现的系外岩质行星。很快，开普勒太空望远镜发现了其他类似开普勒 –10b 的行星。这些发现最终能帮助天文学家回答一个问题——在宇宙中存在着多少颗类似地球的岩质行星呢？正是对于这个问题的答案的探寻，从一开始就推动着系外行星领域的研究。

不管是拿起报纸，还是收看电视上的新闻节目，你都很可能看到关于某个民意调查的结果的新闻报道。这些民意调查告诉你，哪个政客的事业蒸蒸日上，哪项政策受到了民众的欢迎，甚至哪种薯片口味最近当选为全国最受欢迎的口味。在进行这些民意调查时，调查公司都会尽量在不同性别、年龄、宗教或政治信仰的人群中进行广泛的代表性取样。

在天文学中，能进行这样的调查是非常了不起的。首先，要找到 1000 颗恒星的代表性取样。这些取样中应该包括恰当比例的高温恒星，以及恰当比例的低温恒星。然后，再找出环绕这些恒星的所有行星。根据行星总数来计算出在大小和温度上与地球相似的行星占总数的百分比。

这种调查方法的问题在于，天文学家所使用的寻找系外行星的技术，并不能找出环绕他们观测的每颗恒星的所有行星。以视向速度法为例。别忘了，恒星光谱上黑色线条的变化幅度依赖于环绕这颗恒星的行星质量，以及我们观察这颗行星系统的角度。如果我们从正面（整颗行星系统对于观察者就像一枚粘在墙上的煎鸡蛋，恒星位于蛋黄，而行星处于蛋白位置）去观察某颗行星系统，那么我们就无法观测这个系统中恒星光谱上黑色线条的变动。因此，如果天文学家使用视向速度法去观测一个正面朝向我们的系统，就不能找到这个系统中的行星。

开普勒太空望远镜在使用凌星法探测系外行星时也有着类似的局限。只有当一颗行星的轨道穿过了观察者与它的恒星之间时，我们才能看到它的凌星现象。如果这颗行星永远不穿过它的恒星和我们之间，那么我们就永远不能使用凌星法来发现它。

©NASA

图 2-6 开普勒 -10b 的艺术概念图

这是一颗饱受母星高温冲击的岩质行星。

　　凌星法还有着更多的局限。如图 2-7 所示，距离恒星越近的行星，越可能发生凌星现象。这意味着，通过凌星法，我们更可能发现那些靠近恒星的行星。

　　通过凌星法来找到并定性一颗行星，需要这颗行星进行多次凌星。开普勒太空望远镜的主镜朝向某个固定天区的时间为4 年。要想测算出一颗行星的轨道周期，一般至少需要观测到两次凌星现象。而要保证开普勒太空望远镜在它的一个观测周期中能观测到某颗行星的两次凌星现象，那么这颗行星的轨道周期正常情况下必须少于 4 年。对于一颗轨道周期为 5 年的行星，在 4 年中，最多只能观测到一次凌星现象，每 10 年公转一圈的行星也是如此。

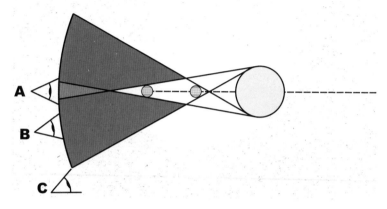

图 2-7 三个不同的位置观察一个拥有两颗行星的行星系统

上部的观察者（A）能充分地观察到两颗行星对恒星的凌星过程；中部的观察者（B）只能看到内侧的行星凌星；底部的观察者（C）看不到凌星。

多次凌星可以提高一颗行星的能测性。就像你在抛硬币的时候，抛出了"正面"，你不会为这个结果而惊讶，因为抛出"正面"的可能性和抛出"背面"的可能性是一样大的。那么如果你一连抛出 10 次"正面"，那么你就会开始质疑这枚硬币是否正常了。使用凌星法也是一样，有大量干扰因素足以干扰到我们对恒星亮度的观测。即使恒星的亮度是稳定的，天文学家所观测到的亮度值也会围绕一个恒定值上下波动。对于恒星的一次观测得到的观测值，也许会低于这颗恒星的正常值，这可能只是由于观测干扰上的波动。这让每次具体的观测都像抛硬币一样，有可能高于或低于平均值。但是，如果观测结果如时钟一样有规律，每4天或每6年，某颗恒星的亮度就会略有下降，这又说明什么呢？这种变动规律很难用巧合来解释。天文学家就可以使用算法程序，来找出开普勒太空望远镜的观测数据中所存在的规律，把缺乏统计学意义的单次凌星现象累积起来，找出其中具有统计学意义的亮度变化规律。所以，开普勒太空望远镜所观察到的凌星现象越多，它就越容易找出其中的规律。

正因为如此，天文学家开始测算一些恒星的数量。这些恒星都拥有与地球大小相似，并运行在类地轨道上的行星。在上述的开普勒太空望远镜的数据库帮助下，不同团队的天文学家把研究重点放在地球大小的行星在各种恒星周围的存在率上。一些天文学家研究环绕类太阳恒星的地球大小的行星的数量，另一些天文学家则研究地球大小的行星在温度更低、更小、更红的恒星周围存在的数量。这些恒星被称为红矮星，它们是银河系中最常见的恒星。在太阳周围的银河系星域中，红矮星的数量与类似太阳的黄矮星的比例达到 15∶1。[3] 因此，在这些红色小型恒星周围的地球大小的行星数量会在银河系中地球大小的行星总数中占据很大的一部分比例。

除了尝试确定地球大小的行星的数量之外，这些研究团队还在研究有多少这样的行星处于它们的恒星周围的宜居带中。大致来说，如果一颗行星所接收到的来自其恒星的光和热的总量恰好使它的表面能够维持液态水的存在，那么就可以说这颗行星处于宜居带中。正如前文所讨论过的，能够维持液态水的存在让一颗行星拥有了孕育生命的可能性。

在估算处于宜居带中的地球大小的行星数量时存在一个小问题：开普勒太空望远镜没有发现任何一颗这样的行星。它发现了一些处于宜居带，但稍微有一些大的岩质行星，也发现了一些和地球差不多大小，但完全不适合居住的行星。这意味着，天文学家需要对行星的半径以及恒星周围的行星轨道分布做出一些假设。

关于类太阳恒星周围的宜居带中存在的类地行星的数量，两个研究团队得出了完全不同的结论。其中一个团队认为大约22%的类太阳恒星周围的宜居带中存在类地行星。[4]而另一个团队的数字是2%。[5]不同的假设是两个团队的结论差别如此巨大的原因之一。两个团队的结论都具有相当大的不确定性。研究在红矮星周围的宜居带中的类地行星的一个研究团队发现，在这些恒星中大约有16%可能拥有存在液态水的岩质行星。[6]

这些观测结果告诉我们，在其他恒星周围的宜居带中存在的类地行星数量。不过，它们并没有告诉我们那些行星上是否存在着生命。关于其他行星上是否存在智慧生命的问题经常被写作德雷克方程。这个方程式把银河系中的先进技术生命的存在率分解成了几个问题——有多少颗行星，其中有多少行星可能存在生命，以及有多少行星正在孕育生命？关于在宜居带中的类地行星数量，开普勒太空望远镜已经为我们提供了答案。不过，要想确定这些异星世界中，是否可能或者事实上已经存在生命就要困难得多。而要想更进一步确定这些行星上是否存在先进智慧生命甚至更加困难。

　　对于开普勒太空望远镜的观测数据的统计分析表明，并不是每个恒星周围都存在着类地行星，但这些行星的数量也并不是特别稀少。开普勒太空望远镜的数据也允许天文学家去研究哪些恒星更可能拥有行星，并进一步研究行星系统的统计学。

　　在系外行星系统的家族谱系中似乎存在着某种规律。如果有两颗行星在环绕一颗恒星运行，那么这两颗行星很可能有着非常相似的质量。[7] 这个规律也适用于那些拥有更多行星的系统，如果以与恒星的距离为顺序，那么第二颗行星往往类似第一颗行星，第三颗行星类似第二颗，以此类推。我们在太阳系中也看到了这些规律，其中金星是和水星一样的岩质行星，地球也是类似于金星的岩质行星，这样以此类推，直到最外层轨道上的一对冰态巨行星，海王星和天王星。但也存在着例外，木星与其相邻的火星就截然不同，但太阳系中的行星并不是随机排列的，其他行星系统中的行星也不是。

通过这些研究，我们也知道，有着更多如铁和硅等重元素的恒星，其周围更容易存在行星。[8]这很好理解。行星最初就是由重元素组成的岩质材料的"种子"，并通过黏附更多的重元素而"成长"起来。由更多重元素组成的恒星，必然在其周围的物质盘中也存在着更多的重元素——构建行星的砖石。在这些恒星周围，行星的形成会更容易一些。

多亏了开普勒太空望远镜，天文学家才得以知道，在双星系统中的恒星（两颗恒星相互环绕运行）不太可能拥有行星。有人提出，这是因为一个双星系统的引力会破坏和阻止双星系统中一颗或两颗恒星周围的物质盘中的行星形成过程。[9]

那么，行星形成的过程是怎样的？行星到底是怎么形成的呢？而我们能看到它们形成的过程吗？

第三章
诞生

在旋转于年轻恒星周围的物质盘深处，潜藏着某种东西。我们无法看到它，但我们可以通过它所啃噬的一切来推导出它的存在。它不是低成本恐怖电影中用毫无说服力的橡胶模型和血袋来制造出来的怪兽，而是一颗尚在幼年，正在形成的行星。

10 无形的胚胎

在旋转于年轻恒星周围的物质盘深处，潜藏着某种东西。我们无法看到它，但我们可以通过它所啃噬的一切来推导出它的存在。它不是低成本恐怖电影中用毫无说服力的橡胶模型和血袋来制造出来的怪兽，而是一颗尚在幼年，正在形成的行星。

在中学教书往往是一份吃力不讨好的工作。要在有限预算的压力、野心勃勃的家长和让学生通过层层考试的需要之间取得平衡并不容易。而在所有这些事情中最困难的是让学生投入到常常枯燥乏味的学习材料中。经典力学就属于这样的学科——关于在没有摩擦力的台球桌上碰撞的无数小球，以任意角度发射的抛射物且要给出整数解的种种问题。

在这个原本枯燥的领域中，一个很有趣的实验是让一名学生坐在办公转椅上，向外伸直双臂，双手各举起一本厚重的课本。随着旋转中的学生把这些沉重的大部头拉向他们的身边，他们的旋转速度迅速增快了。这个法则也适用于其他旋转的形象，就像滑冰运动员或者在游乐园开动的旋转木马上向中心移动的孩子们。对于渴望走出教室的学生和他们心慈面软、随和宽容的老师来说，去游乐场倒是个非常不错的出游提议，而去滑冰仅仅算是个行得通的主意罢了。

　　一个刚刚出生的恒星就像一个伸直双臂，双手各拿着一本沉重课本的学生。没错，它有几十亿公里宽。它可不是一个巨大的少年，而是一大堆气体，还有天文物理学家称之为"宇宙尘埃"的沙粒和金属微粒。这些气体本身是一个宽达数千光年，拥有成千上万颗恒星物质的巨大气体云在漫长的过程中坍缩的结果。这不是一个有序的、球状的坍缩。巨量气体内部剧烈、混乱的运动使它形成了许多致密的、多结的丝状物。在这些宇宙的丝结中，存在着许多团块。正如我们接下来所要讲述的团块一样，许多团块开始渐渐形成恒星。

　　在这样一个剧烈的过程中，这个团块并不是完全静止不动的。它会慢慢地旋转。引力开始发挥作用，使这个团块开始坍缩。就像我们提到的把沉重的课本拉向身体的学生一样，团块的旋转开始加速。物质开始凝结在团块的中心。这就是一颗即将形成的恒星的种子。接下来，随着团块的旋转速度进一步加快。当它的旋转速度达到一定程度时，一些物质不再塌落到它的中心，而是围绕着这颗正在形成中的恒星形成一个旋转的、饼状的圆盘。这个圆盘与最初的团块都是由同样的物质组成的：气体、岩石和金属的微粒。

在这个圆盘的中心，这个坍缩的团块中密度最高部分的高温，足以让它开始如恒星一样发光。但它不是像恒星一样发出耀眼的可见光，而是以另一种不同的方式发光。

在我们这个年纪尚幼的恒星周围旋转的物质盘中的尘埃和微粒物质带有来自其形成过程中的残热，以及来自物质盘中心的恒星的热量。即便如此，它的温度仍然低至 -250℃。这样冰冷的物质仍然在发光。只是它所放射的光线远远超出了我们的眼睛所能看到的范围，处于被称为"次毫米波段"的电磁光谱范围。这让我们得到了本节所要讲述的行星的图像，或者说这颗行星的家园的图像。

这幅图像显示了一颗诞生不到 100 万年的恒星 HL Tau 周围的区域。[1]它位于金牛座恒星形成区，那是距离太阳不到 1000 光年的由正在形成的恒星和气体云组成的为数众多的巨大复合体之一。这张图并不是一台传统相机所拍摄的照片，而是由许多像卫星碟状天线一样的天线拍摄的。超过 50 个这样的碟状天线分布在大约 1 公里宽的区域中，组成了一个巨大的天文观测设施，称为阿塔卡玛大型毫米波天线阵列（ALMA，Atacama Large Millimeter Array）。

©ALMA（ESO/NAOJ/NRAO）

图 3-1 年轻的恒星 HL Tau 周围的尘埃盘

盘中的空隙表明被行星胚胎所清除的尘埃盘区域。

　　每个 ALMA 碟状天线都配备了一个接收器，可以检测到反射过来的次毫米波辐射。每个碟状天线所接收到的来自某个天文放射源的信号之间都会稍有区别，一些碟状天线会比其他天线稍早一些来接收某个特定的信号。ALMA 的中心计算机会根据这些碟状天线所接收信号中的细微区别，把来自所有天线的信号组合在一起，从而重建所被观察的放射信号源的图像。

在智利的大沙漠里的这些高科技设备，通过这个复杂的过程所得到的图像，是环绕着恒星 HL Tau 的一系列同心圆。整个物质盘大约有 200 个地日距离宽，包括 7 个黑色的圆环。每个圆环之间相隔大约有 10 个地日距离的宽度。这些黑色圆环代表着物质盘中的空隙。原本在这些空隙中的物质要么消失了，要么就是被推走了，但这些物质是被什么推走的呢？

要想讲清楚一个宽达几十亿公里的圆盘中的这些裂隙的故事，我们需要缩小到这盘中一粒细小的尘埃物质的尺度。这些微尘的宽度不到 1 毫米的 1/10。它们被周围的气体所裹挟着，在这个物质盘里四处飘动。物质盘中的狂风，如中央恒星周围挥舞的气态皮鞭，与混乱的湍涡共同迫使这些尘埃进入"陷阱"，也就是物质盘中那些尘埃聚集的区域。在这些区域聚集的尘埃的密度之大，足以让这些尘粒有规律地相互碰撞。有时，这些尘粒会黏附在一起，有时它们会被撞碎，成为更小的尘粒。随着时间推移，这个过程将会导致一些尘粒变得更大。

姥鲨是长相最奇特的动物之一。它的嘴巴就有 90 厘米宽。但它并不像它那些令人望而生畏、更为标志性的表亲那样无情地撕咬它的猎物。它只是慢慢地在水里游来游去，用它的巨口吞掉水中微小的鱼类和海洋生物。姥鲨的嘴越宽，它就能够吞下越多的食物。

在物质盘中的行星种子就像姥鲨一样进食。也许只有一粒尘埃般大小，但它在物质云中四处移动，有时会遇到其他的尘粒。如果它和其他的尘粒相撞，两个尘粒就有可能黏附在一起。随着它变得越来越大，在物质盘中经过的通道也就越来越宽，所吸收的物质也就越来越多。

贪吃的行星胚胎，原本只有不到 0.1 毫米的 1/10 宽，慢慢成长到 1 米左右，正像姥鲨嘴巴的宽度，再成长到有几公里宽。现在它的引力已经强大到足以把在物质盘中飞快地飘来飘去的尘粒拉到它的表面。它就像一头姥鲨，在物质盘的海洋中游来游去，它的"巨颚"也变得越来越宽。

同时，其他行星胚胎也在成长起来，达到了各种不同的大小。所以，这个正在形成的行星有时会吃掉一场陨石雨，有时甚至会吞食几十米宽的大型物体。不仅尘状物质开始凝结。简单的化合物，如水和一氧化碳，在靠近初生的恒星附近时会因高温而成为气态，在远离母星的地方则会呈现为冰态。这让处于行星系统的外层轨道上的行星有了更多的物质来吞噬。

行星胚胎的食物并不仅限于固体物质。尽管恒星不断释放出的高热和猛烈的物质风，但我们的行星胚胎所居住的物质盘仍然设法保留下在恒星形成后所残留的大量气体。

气体并不具有黏附性。如果一大块固体物质撞上我们正在形成的行星，它可能会撞入处于熔融状态的行星表面，并轻而易举地被行星所吸收。而气体并不会像固体物质那样，以团块的状态与行星胚胎发生碰撞。每个气体原子都会以它自己的速度飞来飞去。相对于行星来说，一些气体原子的速度很慢，而另一些则要快得多。如果一个气体原子飞得足够快，哪怕它掉进了行星胚胎的引力大嘴，也只会"嗖"地一下飞走，并不会减速，也不会被拉进行星胚胎那原始的大气中去。只有那些较大的行星，才有足够强大的引力，足以让气体原子减速并把它们保留在自己的大气之中。

气体的原子也会不断地相互碰撞，并因此改变它们的速度。有时，这些碰撞能够极大地增加一个特定原子的速度，于是这个原子就可以获得足够高的逃逸速度，从而飞出行星的引力约束。行星越大，气体原子要想摆脱行星的引力约束，就必须在碰撞中获得更快的速度。这个效应说明，大型行星比小型行星更善于保留住它们的大气。像氢、氦一类的轻元素的原子和分子更易于在碰撞中获得极高的速度。这意味着，行星的质量越大，它就越易于保留住这些轻元素。由于在一颗新生的恒星周围的物质盘中像氢、氦这些较轻的气体更为常见，因此质量更大的行星可以吸附的大气质量也就越大。

恒星 HL Tau 周围的物质盘上有一系列空隙，这让这个物质盘看起来就像一个箭靶。这些空隙中的每一个都可能是一颗正在形成的行星的轨道。这些尚在幼年的行星一路吞食遇到的气体和尘埃。在这些空隙之间，残留的气体和尘埃在行星胚胎的引力驱使下变成了紧致的物质环。

看起来，恒星 HL Tau 和它周围的物质盘似乎形成了一种有序、稳定的状态。不过，这种稳定的状态仅仅是短暂的，一个不断剧烈变动、进化的系统在一瞬间的"定格"。中心恒星不断放射出无情的、具有极大破坏性的放射线。这会剥离物质盘中的气体，拉走或蒸发物质盘中的部分尘埃物质。行星自身也并不遵循乔治时代的知识分子所钟爱的如时钟般精确的星象规律。它们的轨道是混乱的，并且随着时间在慢慢改变。一些距离很近的行星会相互碰撞、合并。一些行星会遇到以相对极高的速度运行，并且质量大得多的另一颗行星。它们会被甩出原有的轨道，跑到距离恒星更远的轨道上，甚至被抛到深邃、冰冷的星际空间之中。

等到 HL Tau 达到太阳这样的年纪时（大约 50 亿年），物质盘的大多数痕迹都将荡然无存。也许还会留下一些石块，一些不能合并为大型行星的小行星。在更远离恒星的地方，会有一些类似于彗核的冰体。我们相信，在我们的太阳系边缘也飘浮着同样的冰体。但是在主星周围的轨道上会存在一颗至数颗行星。其中的一些也许是像木星一样的气态巨行星，一些也许是小型行星。

HL Tau 系统展现了幼年的、尚在形成中的行星所留下的黑色路径。但这些幼年的行星到底长什么样？幸运的是，我们有一种方法，可以直接看到它们。

11 穿过迷雾的世界

　　高居在圣诞树的树尖上的，是人们一眼就能认出来的象征性符号——五角星。我们知道，恒星是气态的巨球。不过，从远隔千万亿公里的天文距离看上去，这些恒星看上去就像无限小的点。但在画星星时，我们往往要给它们加上突出的，4个、5个或者6个角。游戏里的超级马里奥可不是靠着抓住一个闪光的球体而获得无敌的能力，也没人用无限小的点来装饰他们的圣诞树。从萨摩亚到索马里再到苏里南，在这些国家的旗杆上飘扬的旗帜上都有着各种颜色的、具有若干个尖角的图案。那么我们为什么常常用这样的图案来代表星星呢？

　　我们画的星星为什么总有尖尖的角？其实原因很简单：当你用眼睛直接观察一颗明亮的星星时，它看起来就像有从中心点射出来的光芒。这是因为你的眼睛是一个光学系统。不同种类的光学系统会以不同的方式衍射从像恒星这样的一个点射出的光。在你的眼睛里，"镜头"上的小小瑕疵就会让你在观察星星时让它拥有了星芒。

望远镜也是一样。望远镜的主镜形状，以及用于支撑各式镜片的结构，决定了光线在望远镜内衍射的模式。因为光线要在这些镜片上跳来跳去，最后才能到达探测器。这意味着大多数大型望远镜在成像时，亮星的光线都会产生衍射现象，看起来就像是在中间的亮点周围有着4个相互垂直的星芒。对于那些较暗的恒星，它们的星芒亮度太低，所以无法成像，但我们仍能看到中间的亮点，这意味着它们看起来就像是一个个圆形的光斑。圆形光斑的大小，也就是这个恒星的光线进入望远镜后衍射的程度，取决于为这颗恒星拍照的望远镜的大小。望远镜越大，所成像的恒星的圆形光斑就越小，因为恒星的光线在这些望远镜中的衍射程度较小。

所以，望远镜越大，恒星的成像就越小——除非有一些让人气恼的麻烦来捣乱，这就是我们正在呼吸的大气。

古埃及坟墓的壁画中，融合了象征主义和现实主义，神话故事与日常生活。一边是狼头人身的神，法老在痛击只有他们1/10大小的敌人，另一边却是狩猎和捕鱼。底比斯的乌谢雷特之墓，时间大约为公元前1430年。在这座坟墓的壁画上，一个人站在船上，用矛刺鱼。这种捕鱼活动可以追溯到遥远的人类历史，甚至早于农业和大规模定居的出现。一个人可能会天真地以为用长矛刺鱼很容易，用你的长矛瞄准鱼，然后刺出去就行了——除非鱼其实并不在你以为它在的地方。

你很可能熟悉棱镜和透镜对光线的折射。在棱镜或透镜中的材料与空气的折射率（关于物质如何折射光线的性质）有一些小小的不同。折射率的不同导致光线路径的弯曲。我们古埃及的渔夫也会遇到同样的现象。当从一种物质（水）进入另一种物质（空气）中时，来自鱼的光线发生了弯曲。这意味着，鱼实际上所在的位置比渔夫所看到的位置要稍低一些。

折射率不仅在两种不同的物质（水和空气）之间会发生改变，在同一种物质中也同样会发生改变。即使在风和日丽的日子里，大气中也充满了混乱的湍涡。每一个湍涡都有着各自稍有不同的折射率，会让光线发生微小的弯曲。高层大气中这些不断变化、剧烈运动的湍流的累积性作用，以及它们对于穿过其中的光线的影响，导致从地面上观察恒星时，会发现恒星的位置在不断地动来动去。这种位置的变化是微小的，往往只有1角秒（1度角的1/3600），相当于从4.8公里外观察一枚硬币的角大小。在拍摄一张天文图像的过程中（从几十秒到几个小时），大气湍流的折射效应让恒星那完美的点状图像变得模糊不清。就像一支挥舞的烟花棒在长时间摄影曝光中留下痕迹，大气也会把恒星的光向四周涂抹。大气的模糊效应局限了天文观测的清晰度。这意味着使用传统的观测技术，即使使用最好的天文台里最大的望远镜，在最平静的大气条件下，天文学家所拍摄的天文图像中，恒星也会模糊成不到半角秒大小的圆形光斑。

那么，一颗恒星的典型图像，就应该是一枚大约 1 角秒宽，清楚的、有着明晰边缘的圆形光斑吗？同样，并非如此。也许用眼睛看起来似乎是这样，但恒星的光线并不会在一个明确的边缘处停下来，它总是在向外延展。在一张照片里，距离恒星的中心点越远，恒星的光线就越少。这意味着，在成像时，恒星的光线是从中心点向外逐渐减少的，而不会在一个明确的边缘处戛然而止。

当然，恒星越亮，它就会有越多的光线向外蔓延，即使在距离恒星几角秒之外的地方，仍然会有足够的恒星光线，使你无法观察到环绕那颗恒星的某颗行星所发出的相对较弱的光线。我们都知道，天狼星是夜空中最亮的恒星，距离我们只有 8.6 光年。假设，有一位天文学家站在围绕天狼星运行的一颗行星上，尝试观察木星。他会看到木星距离太阳只有 2 角秒。

如果说，我们的大气层使来自恒星的光线向外蔓延，那么为了找到围绕这些恒星运行的行星，我们就必须减少光线蔓延的程度。但首先，我们只有一台哈勃太空望远镜，所以天文学家要想获得使用它来进行天文观测的机会，远远要比使用其他望远镜难得多。哈勃太空望远镜也是一台相对较小的望远镜。

它甚至无法跻身于世界上最大的 40 台光学或红外观测设备之列。这意味着，如果我们可以想办法消除大气的模糊效应，那么哈勃太空望远镜所拍摄的天文影像的最大理论清晰度只能达到一台大型地基望远镜的 1/4。哈勃太空望远镜较小的规格也意味着它需要更长的时间才能收集到与地面上的大型望远镜所收集到的一样多的光线。

那么，我们怎样才能为地基望远镜消除大气的影响呢？解决一个问题的最好办法，就是选择一个你知道答案的情况，再以此为基础回到问题上来。你知道恒星并不是真的在天上飞快地转圈；只是由于大气的扰动才让它看起来在毫无规律地跳来跳去。所以，你可以选择一个非常亮的恒星，用一台高速摄像机不断地拍摄这颗恒星运动的图像。然后，你可以根据这颗恒星在这些图像中的位置，通过弯曲一面不断运动的柔面镜，来校正这颗恒星在望远镜的探测器上的位置，使它的位置恒定不变。这可以在很大程度上消除大气的模糊效应。计算这个检测所需要的校正值，并自动执行校正的过程被称为"自适应光学"。

一旦我们尽可能地取得了最清晰的恒星图像，是不是就足够了？并不是，恒星光线的衍射仍然足以遮住那些最靠近它的行星。要想解决这个问题，天文学家需要考虑到恒星在照片中的成像模式。

正像前文所说的，由于大气和望远镜的双重影响，恒星的光会在图像上发生延展。不幸的是，即使通过校正消除了大气的模糊效应之后，恒星仍然会有大量的光产生衍射现象。但幸运的是，我们有办法摆脱它的影响：计算出一颗典型的恒星的光是如何延展的，并使用该模型在图像上去掉恒星的光。要想做到这一点，一种方法是选择一颗适当的恒星。这颗恒星既要有足够的亮度，又要位于目标恒星附近。为这颗恒星拍摄一张照片，并根据这颗恒星的光线在大气和望远镜的影响下的延展情况制作一个模型。然后，从目标恒星的图像中减去这个模型化的光线延展模式。这样一来我们就可以去掉图像上目标恒星周围那些讨厌的、四处蔓延的光线，于是就有可能露出一颗行星。

既然我们已经知道了如何足够清晰地观察系外行星，那么是时候介绍在恒星"绘架座β"周围旋转的一颗行星的图像了。[1]为什么要去观察绘架座β这颗恒星？这其中有几个原因。首先，它是一颗亮星。校正大气模糊效应的系统需要一颗亮星来测量大气对观测结果的影响程度。这是因为它需要用非常快的速度为这颗恒星拍摄很多张照片。这就导致每张照片的曝光时间很短，只有最亮的恒星才能显示出来。我们也可以使用"伪星"，也就是把一束激光射向高层大气，从而产生一个光斑。不过，直接观察一颗亮星要容易得多。其次，我们从 20 世纪 80 年代起就知道有一个尘埃盘环绕着绘架座β。尘埃盘就是上一节所提到的行星形成过程中所遗留下来的痕迹。它表明这颗恒星周围可能存在着行星。最后，绘架座 β 非常年轻，诞生了大约只有 2400 万年。[2] 这听起来似乎并不太年轻。不过，相对于"年龄"超过 120 亿年的银河系而言，它的确是非常年轻的。而这颗年轻的恒星为我们的天文观测提供了很多便利。

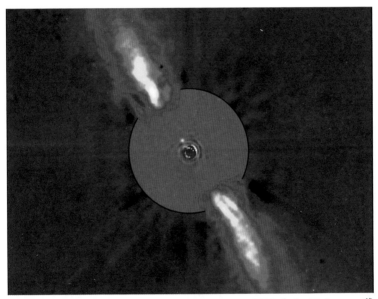

图 3-2 在绘架座 β 周围的行星

这个图像是通过两次不同的观测所合成的。因为恒星过于明亮的光线会导致图像模糊，因此这两次观测都去除了这些光线。这个图像的外侧（来自第一次观测）表现了中央恒星的光线在尘埃盘（此处为侧视）上的反射。图像的内圈来自第二次观测。这次观测使用了更好的校正技术，以消除大气的模糊效应。它表明，中央的黑圆被圆形样式所围绕着。在这个圆的左上角，有一个亮点，那是一颗年轻的，刚刚形成的行星。

行星就像是从火中进出的余火未尽的木块。它们在高温的环境中形成，并且当它们在物质盘中生长时，吸收碰撞到它们表面的物质也会产生热量。这意味着，尽管与恒星不同，行星的内核中没有原子炉，但行星仍然在发热发光。一旦行星形成，它就像我们之前提到的余火未消的木块一样，一边冷却，一边向周围释放出它的热量。

如果你想直接观察一颗行星，你就会希望它尽可能地像它的恒星一样明亮。而最大化这种亮度关系的最好办法就是去捕捉那些最年轻，也因此最明亮的行星。

这个图像告诉了我们什么呢？它实际上是由两个图像合成的。这两个图像都是由自适应光学系统在红外波段拍摄的。外层的图像是由位于智利拉西拉的欧洲南方天文台的口径为 3.6 米的望远镜拍摄的。这张图像拍摄于 1996 年，显示了来自绘架座 β 的光线照在环绕着它的尘埃盘上，并被尘埃盘所反射。内层的图像同样是在智利拍摄的。那是由位于帕瑞纳天文台的口径为 8 米的甚大望远镜（VLT，Very Large Telescope）上性能更好的自适应光学系统所拍摄的。图像中央被遮住以去掉来自绘架座 β 的那些最亮的光线。对于衍射光线的形态，望远镜处理得并不是很完美，使得在这个圆形遮罩的四周留下了一圈圈的结构痕迹。就在绘架座 β 左上方的那个亮点是一颗行星，绘架座 β b。它距离母星大约 2/5 角秒。我们所看到的绘架座 β b

的光线大多数是来自它在形成过程中所积累的热量的释放。只有很少一部分是来自它所反射的主星的光芒。注意，这颗行星与外层图像中的尘埃盘是大致对齐的。

当我们仰望天空时，我们所看到的是一个三维宇宙的二维投影。在极好的天气条件下，我们可以用肉眼分辨出摩羯座 α 是相互非常靠近的两颗恒星。你也许猜到了这是一个双星系统，一个由相互环绕运行的两颗恒星组成的系统。事实上，摩羯座 α 的一部分是由 3 颗恒星组成的，只是这 3 颗恒星靠得太近，以致人类的肉眼无法分辨出来。这 3 颗恒星距离地球大约 100 光年。而摩羯座 α 的另一部分是一个单星系统，距离地球大约 700 光年。双星系统中的两颗恒星相距很少超过 1 光年，更不用说 600 光年了。这意味着摩羯座 α 是由两个完全毫不相关的恒星系统组成的，只是出于巧合，才看起来靠得很近。

那么，我们怎样才能知道，那颗环绕着绘架座 β 运行的行星实际上不是一颗位于后景的恒星呢？难道它们不是两颗相隔遥远的恒星，只是从地球上看起来像是靠得很近吗？我们有两种方法来确定这件事。首先，天文学家会说："通过查阅星图，我们可以计算出在一大片天空中有多少颗特定亮度之上的随机恒星。所以，我们能够计算出在邻近目标恒星的一小片星空中发现一颗类似恒星的概率。"这就有点像你知道一个机场在 1 个小时内会降落多少架飞机，然后除以 60 就可以算出在特定的 1 分钟内降落一架飞机的概率。如果在绘架座 β 附近的天区中找到 1 颗后景恒星的概率非常小，那么陪伴在目标恒星旁边的这颗亮点就很可能是 1 颗行星，而不是 1 颗毫不相关只是出于巧合出现在目标附近的恒星。

要确认你所看到的不是一颗后景恒星的另一个办法是在几年内对目标进行多次观测。绘架座 β 蹚过天空的速度非常慢。而我所说的非常慢，是真的特别特别慢。想象有一个东西在以乌龟的速度横穿过你的视野，只是它与你之间的距离就像地球到太阳的距离一样远。这是几乎感觉不到运动的慢，但是这个速度仍然比我们所看到的绘架座 β 横穿过天空的速度快 12 倍。一颗因巧合而出现的后景恒星在天空中移动的速度往往比像绘架座 β 这样邻近地球的恒星还要慢。如果天文学家在一两年之后，再为我们这颗候选行星拍摄几张照片，他们会看到一颗真正的行星会随着绘架座 β 一起移动，而后景恒星则会以不同的速度和方向穿过太空。

天文学家在对绘架座 β 的观测上，看到了上文所描述的行星的运动了吗？2003 年，人们首次拍下这张图像，6 年后，一次后续观测表明这颗行星在随着绘架座 β 一起运动，只是运行到了这颗恒星的另一边。[3] 天文学家已经观测到了这颗行星在其轨道内的运行。接下来拍摄的一些天文图像也展示出了它在轨道中的更多运动。

我们对于图像中的这颗行星还知道什么呢？它的高空云层的温度大约为 1400℃。它距离母星的距离大约相当于 12 个地日距离。而且它是一颗类似木星的气态巨行星。它的大小和木星差不多，但它的质量略低于木星质量的 13 倍。[4]

在解释天文学家如何确定绘架座 β b 的各项特性之前，我应该先向你介绍几颗在同一时期被发现的类似的行星。

12 火中迸出的余烬

我们要使用一种无聊的"老套路"作为本节的开头。也不是太无聊,你并不需要对它避之唯恐不及。它只是日常生活中常常遇见的一种情节:你为了一份直接拍摄的系外行星的图像而等待多年,然后一下子来了 5 份。

就像其他行星检测技术一样,我们如今能够直接拍摄系外行星,是因为技术进步和数据简化技术在几十年间的踏实发展。连续几代观测设备的进步,使人们可以通过更好的校准技术消除大气模糊效应,允许天文学家发现那些与它们的恒星更接近的行星。第一颗被直接拍摄到的系外行星是 2MASS 1207b,发现于 2005 年。[1]不过,这颗行星所环绕的对象并不是恒星,而是一颗褐矮星。褐矮星比像木星这样的气态巨行星更大,但其质量又不足以维持内核的聚变反应。也就是说,它没有像太阳这样的恒星所拥有的,不断为恒星提供能量的"原子炉"。

114

我们不得不再等上几年，才第一次直接拍摄到了一颗环绕其他恒星运行的行星。

2008 年 11 月，就在世界经济危机开始的时候，天文学家连续发布了 3 颗系外行星的图像。其中之一是绘架座 β b。另一个星体似乎在围绕着一颗叫作"北落师门"（也称"南鱼座 α"）的年轻恒星运行。[2] 这个星体的奇特之处在于，我们在红外波段看不到它，但通过哈勃太空望远镜可以用可见光观察到它。这并不是一颗年轻的行星上所应表现出的现象，所以它要么根本不是环绕北落师门星运行的行星，要么就是被包裹在厚厚的尘埃云中。尘埃云可以反射主星的可见光，却屏蔽了行星自身释放的红外线。最后，是 HR 8799。这是一颗温度与绘架座 β 相似的年轻恒星。[3]

对 HR 8799 周围行星的寻找，大致与对绘架座 β 的研究相同。之所以选择 HR 8799 作为观察目标，是因为人们发现这颗年轻的恒星周围存在着尘埃环。随后，天文学家利用自适应光学系统消除了大气模糊效应，为 HR 8799 拍摄了一张照片。不过，研究 HR 8799 的天文学家们还使用了另一个高明的技巧，进一步提高了他们的图像质量。

利用自适应光学系统拍摄的照片并非完美无缺。无论望远镜的光学性质，还是校正大气模糊的过程，都可能导致恒星附近出现光斑。而天文学家很容易把这些光斑误当作一颗行星。

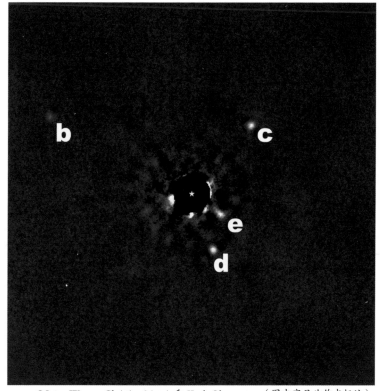

©Jason Wang、Christian Marois 和 Keck Observatory（图中字母为作者标注）

图 3-3 围绕着年轻的恒星 HR 8799 旋转的 4 颗行星

中央恒星周围的图像样式是在消除由于大气模糊和望远镜光学效应所导致的散射光后的结果。在几年内的多次观测表明，这些行星几乎都处于逆时针的轨道中。4 颗行星的公转轨道与恒星的投影距离分别为 14、24、38 和 68 个地–日距离。

现代望远镜通过两个方向的动作来跟踪穿过天空的恒星——上下和左右（在地面上沿圆形转动）。不幸的是，跟踪天空上的一个点的复杂性在于，除非你的望远镜位于北极或南极，否则随着你所观察的视场在整个夜晚不断移动，你为你所感兴趣的观测目标所拍摄的图像也会随着时间转动。望远镜上安装有内置的光学系统，专门用于消除背景视场的旋转。不过，如果你关掉这个系统，背景视场就会转动起来，望远镜的光学系统所留下的那些讨厌的光斑却会留在原处。这意味着你所观测的行星会随着背景的旋转而移动，使它在静止不动的光斑中突显出来。这个技术比其他方式更能帮助天文学家发现紧靠着它们的母星的那些行星。

2008 年，通过自适应光学系统和上述高明的技巧来提高图像质量后，人们发现了 HR 8799 周围的 3 颗行星。随后，在 2010 年，我们进一步的观察找到了另一颗行星。它比两年前发现的 3 颗行星更靠近恒星。[4] 随后的观察表明这些行星都沿着以 HR 8799 为中心的弧形路径运行。这证明了它们都是围绕着它们的母星运行的行星。正像对绘架座 β 的研究一样，我们现在发现了围绕一颗亮星运行的一颗或多颗行星。但我们如何才能知道这些是行星而不是环绕它们的恒星运行的其他类型的天体呢？

回想上一节我们在行星与从火中迸出的余烬未消的木块之间所做的对比。一枚小小的火花在穿过火边的冷空气时，很快就会"嘶嘶"地熄灭了。而更大的木块掉到地上后，也许能在较长的时间内保持热度。这带来了一个问题。假设我告诉你，我发现了一块从火中迸出的余烬，并设法测出了它的温度。那么你怎么计算出这块余烬的大小呢？

我们对于这些直接拍摄到的行星也有同样的问题。以这颗行星系统中最远离恒星的 HR 8799 b 为例。天文学家可以使用不同颜色的滤镜为这颗行星拍摄图像。然后，他们把不同滤镜下分别测到的亮度值与温度各异的巨行星大气的计算机模型进行比对。结果表明，目标似乎具有 1000—1500℃ 的温度，具体取决于所使用的大气模型。[5] 这个温度比所有已知的温度最低的恒星的温度还要低。但这并不是说 HR 8799 b 是一颗确凿的行星。

在观察太阳系时，我们很容易分辨出什么是恒星，什么是行星。恒星是在太阳系的中心燃烧氢气的那个大家伙；行星（大行星、矮行星、小行星）则是围绕着它旋转的那些东西。分辨太阳系中的恒星和行星如此轻松，是因为太阳与太阳系中质量第二大的天体（木星）之间的质量差距实在是太大了。木星大约只有太阳质量的 1/1000。它的质量太小，从而无法在内核引发氢的聚变反应。问题在于，在恒星和行星之间还存在着一个中间类型，被称为"褐矮星"。这些褐矮星可能与恒星的形成过程类似，同样会形成于坍缩的气态云。并且它们在形成后可能成为某颗恒星的伴星。但是，它们没有足够的质量，无法在内核中引发氢的聚变反应。一颗恒星至少要具备太阳质量的大约 8%，才能产生并维持氢的聚变反应。这在恒星与褐矮星之间画出了一道清晰的分类线。但还有另一个问题，怎么区分环绕恒星运行的某个天体到底是行星，还是褐矮星呢？当前，天文学家使用一个简单但不够完善的分类标准。大于木星质量的 13 倍的天体可以短暂地引发氘（氢的一种罕见的、更重的同位素）的聚变反应。天文学家就使用这一质量界限作为区分行星和褐矮星的常用标准。行星无法引发氘的聚变反应，而褐矮星可以。

　　恒星内核中的"原子炉"在千万年中为它提供稳定的能量源。小质量的恒星甚至可以燃烧更长的时间，上百亿年——这意味着，一旦恒星被点燃，它就会一直燃烧。然而，氘的聚变反应为褐矮星所提供的能量却是短暂的。这表示褐矮星就像行星，如火中迸出的余烬，总是在冷却中。如果你发现有天体在围绕着一颗恒星旋转，同时它又不具备恒星的温度，那么你怎么才能区分它是行星还是褐矮星呢？

　　让我们回到从火中迸出的余火未消的木块。它是刚刚从火中跳出来的一块较小的余烬呢？还是很久前从火中迸出的较大的余烬呢？我们可以测量出这块余烬的温度，现在，让我们再加上另一件工具，一个秒表。如果我们知道它的温度，也知道这块余烬从火中跳出来的时间，那么我们就能算出这块余烬的质量有多大。

这个办法也同样可以用在区分行星和褐矮星上。如果我们估算出了天体的温度，也测量出了这颗行星系统的年龄，那么我们就使用关于行星和褐矮星如何随着时间冷却的计算机模型，估算出这个天体的质量。这会告诉我们环绕这个目标恒星运行的天体究竟是行星，还是褐矮星。

那么，你怎么才能找到一块能够测量出恒星年龄的秒表呢？天文学家可以使用几种技术，其中的一些技术相对更准确一些。测算单独一颗恒星的年龄是非常困难的，但测算一个星团的年龄就要容易些。大多数年轻的恒星星团都是恒星形成的短暂爆发的产物。这意味着在一个星团中的所有恒星应该都是同样的年龄。年轻的恒星与年老的恒星相比密度稍低，并且在亮度和温度上与相同质量的年老恒星都有所不同。当恒星变老时，它们会慢慢地缩小，并且看上去与相同质量的年老恒星更为相似。不同质量的恒星以不同的速度缩小，所以天文学家可以观测一个星团中恒星的亮度和温度的分布情况，并把观测结果与不同年龄的星团的模型相比对。一种特定年龄的星团的亮度和温度的散布模型被称为"等时线模型"。通过使用一个与星团最匹配的等时线模型，天文学家可以估算出其中的恒星的年龄。测算星团年龄的另一种方法是去调查宇宙大爆炸的余烬。

大爆炸产生了大量的光和热，并只产生了氢这一种元素。

然而，在之后的几分钟内，整个宇宙就像恒星内部一样热。这意味着氢可以聚变为其他元素。在这个短暂的时间内，略多于这个宇宙的 1/4 的氢变成了氦。这些过程也产生少量的锂。这种元素现在广泛地用于制造许多便携电子设备的电池。锂也在恒星的内核中燃烧。这种燃烧发生得非常迅速。一颗恒星可以在几百万年内就把它其中所有的锂燃烧殆尽。小质量的恒星具有对流的内核，所以当内核中的锂在燃烧时，恒星外层富含锂元素的新鲜物质又补充进来。随着时间，这个过程会导致这颗恒星中所有的锂都被烧尽。

　　一旦锂被点燃，一颗小质量的恒星很快就会烧光这种元素。在小型恒星中，质量较大的恒星会比质量最小的恒星更早地开始锂的燃烧。这就像时钟一样准确。首先，那些质量相当于太阳质量 1/3 的恒星失去它们的锂，其次，随着时间推移，质量越来越小的恒星烧光了锂。天文学家可以调查一个星团，采集每一颗恒星的光谱，然后看一下哪些恒星的光谱中有锂的标志，而哪些恒星没有。最后，他们就能在星团中明确地区分出来，哪些类型的恒星拥有锂，而哪些类型的恒星没有锂。这样，他们就可以确定这个星团的年龄。因为星团的年龄，会比那些没有锂的恒星烧光它们的锂所需要的时间要多，也会比那些仍然拥有锂元素的恒星烧光它们的锂所需要的时间要少。

　　你也许以为测算 HR 8799 和它的行星的年纪是一件简单的

事情，因为它恰好处于一个星团之中，但不幸的是，HR 8799 所在的星团已经不再年轻。幸运的是，HR 8799 还是另一个类型的年轻星群中的一员。

在太阳周围几百光年内的恒星，相对于我们，都在进行本质上随机的运动。不过，有一些星群，尽管相隔几十光年之远，但似乎在向着同一个方向运动。这些移动星群很可能是松散的星团在消散之后的遗迹。像年轻的星团一样，移动星群是单次造星事件的产物，所以星群中所有的恒星有着相同的年纪。

幸运的是，HR 8799 正属于这些移动星群中的一个，被称为 "天鸽座移动星群"。[6] 绘架座 β 是一颗非常重要的年轻恒星，甚至它所属于的移动星群都以它的名字命名。

根据天鸽座移动星群中各个恒星的温度和亮度的分布情况，天文学家可以计算出这个移动星群大约有 4200 万年的年纪。[7] 作为对比，在这个星群的所有恒星形成之前，三角龙和暴龙已经开始在地球上漫步了。天文学家根据这个星群的年纪计算出 HR 8799 的所有行星的质量相当于木星质量的 6 到 10 倍。至于绘架座 β 移动星群的年纪，天文学家不仅根据星群中恒星的温度和亮度的散布情况，也使用了锂耗尽区分法。两种方法都表明绘架座 β 移动星群的年纪大约为 2400 万年。这说明行星绘架座 β b 的质量恰好低于木星的 13 倍，这是行星与褐矮星的分界线。这就意味着它是一颗行星。[8]

HR 8799 的行星都比木星的质量大得多，而且都处于距离恒星较远的轨道上，与恒星的投影间距从 14 到 68 个地日距离不等。但这就为传统的行星形成机制提出了问题。传统的行星形成机制认为，行星诞生于物质盘中的宇宙尘埃的相互黏附，成长于越来越大的物体的相互融合。不过，按照这种机制，在距离恒星大于 35 个地日距离的轨道上是无法形成大行星的。[9] 为此，天文学家提出了另一种行星形成模式，来解释像 HR 8799 b 这样的观测目标。在这种理论中，围绕在恒星周围的物质盘中存在着极大的湍涡。这些湍涡会因自身的引力发生坍缩，从而形成了行星。模型表明，在这个过程中可以在距离恒星较远的轨道上形成大型行星。

我们已经看到了年轻的星群穿过太空，以及测算这些星群年龄的技术。这些技术能为我们提供一个"秒表"，让我们计算出星群中恒星的年龄，以及围绕这些恒星运行的行星的年龄。但是，这些星群也让我们发现了一种奇特的、意料之外的行星类型。这种行星会挑战你对行星概念的认知。

13 孤独的行星

随着秋天临近，我就要慢慢地走到大夫那里，进行每年一度的"仪式"——让自己的上臂挨上一针。在即将到来的北半球的冬天里，这一针会保护我免于受到那些最常见的流感变种病毒的感染。在注射液里的那些灭活病毒很容易在鸡蛋中生长。疫苗中可不包含母牛的胸脯肉、后臀肉、肋排、百叶，或者其他任何部位。尽管如此，保护我免于咳嗽、打喷嚏和关节痛的东西倒被称为流感疫苗，这个名称的英文"vaccination"源于拉丁语中的母牛"vacca"一词。这是因为第一种疫苗，也就是天花疫苗，所使用的病例材料来自另一种类似的疾病——牛痘。

在英语中，行星"planet"一词来源于古希腊单词"planētēs"，意为"游荡"。这是由于这些行星要围绕着太阳旋转，因此相对于那些"固定的"恒星来说，它们会在地球的星空中"游荡"。但是，要是我们发现一颗看起来很像是行星的星体，却并不围绕着恒星旋转，那它还算是一颗行星吗？就像我那从鸡蛋里长出来的疫苗还算是疫苗吗？

让我们回到移动星群，这些年轻恒星的松散联盟飞过我们太阳系附近的太空区域。通过确定一颗恒星是不是某个移动星群的成员，天文学家就可以计算出它的年纪，从而让他们可以估算出任何围绕着它旋转的天体的质量，并确定这些天体是行星还是褐矮星。如果天文学家想知道一个天体是不是某个移动星群的成员，他们需要知道这个天体在太空的位置，以及它移动的速度和方向。

一般而言，这个过程的第一步是根据年轻恒星的某些特性来寻找一系列可能的年轻恒星。特性之一是在年轻恒星周围可能环绕着尘埃盘，比如 HR 8799 和绘架座 β。年轻恒星的另一个特性是大多数恒星在刚刚形成时转动得更快，而随着它们变老，旋转的速度也会变得越来越慢。要想观测一颗恒星自转的速度，我们只需要连续几天观察它，随着它的表面上的黑子移入和移出我们的视野，跟踪它的亮度的变化规律。快速旋转的恒星也存在着更为剧烈的内部运动。它们内部的等离子体（离子化的气体）在不断激烈地翻腾、搅动。这驱动了更为强大的磁电效应，也就是说，这些恒星能发出更为强烈的 X 射线，并且会在恒星表面发生磁爆发。检测到这些特性，一般就足以把一个观测目标列入年轻恒星的候选名单了。有了年轻恒星的名单，天文学家还需要确定四个信息，才能判断这些恒星是不是某个移动星群的成员。

一些天文观测很容易，另一些则很难，需要大量的"望远镜时间"。其中最简单的一种天文观测就是发现恒星或褐矮星在星空中的运动。这一般包括在几年中分别为同一片天空拍摄照片，再寻找其中天体位置的改变。上述内容以及某颗恒星在天空中的位置，为你判断某颗恒星是不是某个移动星群的成员提供了头两个信息。为什么说这些观测有用呢？想象你站在田野里，一大群候鸟从你的身边掠过，飞向同一个目的地：一些在你的左边，一些在你的右边，一些在你的头顶，一些贴近地面。一些从你的身边经过的鸟也许"嗖"的一下就飞过去了，而另一些离你更远的鸟看起来则似乎飞得更慢。事实上，它们飞翔的速度大致相同，并且朝向地平线上的同一个点。移动星群中的各个恒星的运动就类似于这群鸟。因为它们都在以同样的速度和方向在移动，所以它们中的每一个都将飞向天空中的同一个点。尽管这些鸟都在以大致相同的速度在移动，但距离你更近的鸟看起来比远处的鸟飞得更快一些。想想你站在人行道上，你不得不快速地转动头部，才能让你的视线跟上快速从你面前经过的汽车，而要想跟上遥远山脚下的公路上以同样的速度驶过的汽车，你只需要稍稍动一动眼珠就可以了。太阳系的周围存在着许多这些年轻恒星的星群，也有看起来都在朝向随机的方向运动的成千颗行星。

如果一个天文学家发现一颗明显年轻的恒星与一个移动星群的移动方向相同，那么他怎么判断这颗恒星是这个移动星群中的成员，还是偶然表现出同样的横穿过天空的表观运动？在通过简单的天文观测确定了恒星在天空中的位置，以及它们的运动方向之后，天文学家现在必须使用更昂贵的技术来获取另外两个信息。

回想一下我们在之前的章节中所介绍的那些最早被人们发现的异星世界。人们是通过监测它们的母星的视向速度（靠近或远离我们的运动）来发现它们的。运用同样的技术，但往往只进行一两次观测，而不是几十次，我们的天文学家可以观测到这颗恒星移近或远离地球的运动。这是天文学家所需要的第三个信息。

接下来，让我们进行一个简短的互动环节。举起你的食指，把它放在你的面前并闭上一只眼睛。现在，把你睁开的那只眼睛闭上，闭上的那只眼睛睁开。注意你的食指相对于背景发生了怎样的位移吗？现在把你的食指移得更远一些，然后重复这个过程。你会注意到，你的食指移得越远，所发生的位移就越小。天文学家在测算地球到恒星的距离时也可以应用类似的效应。在一年中不断地拍摄一颗恒星的图像。由于地球在围绕着太阳旋转，所以从地球观察这颗恒星的视角也在不断发生改变，这会导致这颗恒星的位置相对于背景的其他恒星发生了小小的移动。这颗恒星距离地球越远，它在天空中位置的变动也就越小。天文学家可以利用这个位移的大小来计算出这颗恒星到地球的距离。这个距离就是第四个，也是最后一个所需要的信息。

一旦我们的天文学家拥有了所有的四个信息——这颗恒星在天空中的位置、它横穿过天空的运动、它靠近或远离地球的速度以及它与地球的距离——他们就能在三维的太空中描述这颗恒星的位置和运动。如果它的位置和运动与已知的移动星群的位置和运动的预期分布相匹配，那么天文学家就可能为这个移动星群找到了一个新成员。

于是我们遇到了 PSO J318.5-22。这是天文学家使用巡天望远镜 Pan-STARRS1 发现的一个洋红色的小点。[1] 他们一开始认为它可能是一颗特别红的褐矮星。我们在上一节介绍过褐矮星。它们是比环绕恒星的行星更大的天体。褐矮星也可以像恒星一样，独自在太空中游荡。PSO J318.5-22 奇特的颜色激起了天文学家把它与 HR 8799 周围的行星相对比的兴趣。正像上一节所说的，HR 8799 b 的温度在 1000—1500℃。很多褐矮星也有着类似的温度，但 HR 8799 b 似乎比它们更红一些。天文学家为此提出了很多可能的原因，包括 HR 8799 b 具有非常厚的云层，阻挡了来自行星内部的大量蓝光，而只让红光通过。

©N. Metcalfe 和 Pan-STARRS1 科学联盟（图中箭头为作者标注）

图 3-4 自由游荡的行星 PSO J318.5-22

这幅图像是由巡天望远镜 Pan-STARRS1 在多个波长光线下拍摄的多张图像合成的，就是这台巡天望远镜首先发现了 PSO J318.5-22。

与 HR 8799 b 的这种相似性，让 PSO J318.5-22 从原本注定籍籍无名地被归入天体的一个大类别之中的褐矮星，变成了更为有趣的东西，一颗可能形成的年轻行星。天文学家测算了它的位置、穿过天空的运动方式、视向速度和与地球的距离。这些都表明 PSO J318.5-22 与绘架座 β 移动星群以同样的运动方向穿过太空。这意味着，它很可能与绘架座 β 移动星群有着同样的起源，因此它们有着同样的年纪。天文学家根据这一点推测它的年纪大约为 2400 万年。根据 PSO J318.5-22 的年纪，以及所观测到的亮度、颜色和距离，天文学家可以算出它的质量大约相当于木星质量的 8.5 倍。[2] 这使我们明确得知，它的质量低于行星质量的最高限度，即木星质量的 13 倍，这是引发星体内核中的氘聚变反应的最低质量限度。那么，它是一颗单独在太空中游荡的行星。这颗行星为什么会单独在银河系中游荡而没有它的母星呢？

正如在上一节所提到的，在 2008 年 11 月，天文学家在短短的几周内宣布直接拍摄到了五颗行星的图像。在天文发现上，PSO J318.5-22 有着它自己的小小运气。就在宣布发现它的同一天，一篇关于年轻星团中的一个天体的研究论文发表了。这个天体被称为 OTS 44。它的质量相当于木星质量的 12 倍，并且同样没有母星。[3] 注意它的质量：这让它处于行星和褐矮星的分界线之下。

如前所述，恒星形成于气体云的坍缩。而气体云在坍缩的过程中，会加快旋转的速度。这会导致在气体云的中间形成恒星，以及环绕恒星的物质盘。在恒星生命的幼年时期，它会把物质盘中的物质吸引到它的表面上。

对 OTS 的研究表明两件事。首先，OTS 44 有大量温热的物质在围绕着它旋转。这表明，像一颗年轻的恒星一样，OTS 44 被由气体和尘埃组成的物质盘所环绕着。其次，这篇论文也研究了 OTS 44 的光谱，而其中的光谱特征说明它正在把物质盘中的物质拉到它的表面上。综上所述，这表明 OTS 44 的周围有一个由气体和尘埃组成的物质盘，而且它正在把物质盘中的物质吸引到它的表面上，这就像一颗年轻的恒星。

于是，我们拥有了一个在质量上类似于 PSO J318.5-22 的天体。只是这颗行星的行为却像是一颗新形成的恒星。所以，PSO J318.5-22 很可能是像恒星一样形成的，尽管它有着行星的质量。还有一种可能性，就像 HR 8799 周围的物质盘一样，只是这个物质盘中坍缩的湍涡所形成的天体质量太大，只能形成褐矮星，而非行星。

PSO J318.5-22 很可能是像恒星一样形成的，而且虽然并不围绕着某颗恒星公转，但它有着与行星相似的物理特性。同时，形成行星的过程也可以形成行星以外的天体。这表明，用于区分行星和褐矮星的氘聚变标准并不是那么有意义。

一个 5 倍于木星质量的天体，可能诞生于一颗年轻恒星周围的物质盘中，靠着吞食物质盘中的石块慢慢长大（就像恒星 HL Tau 附近形成的行星）；也可能诞生于物质盘中坍缩的湍涡

（HR 8799周围的行星很可能就是这样形成的）。我们却很难区分这两种过程所形成的天体。无论是在哪一种过程中诞生的行星，都可能受到其母星周围其他行星的强大的引力推动，而被抛出原有的轨道，进入星际空间。

一个低于氘聚变质量极限的天体，单独飘荡在太空中，它可能诞生于三种过程中的任意一种：一种是像恒星一样，两种是像行星一样。要是我们无法区分这三种过程所各自诞生的天体，那么，尽管用于区分行星和褐矮星的氘聚变质量极限可以说是相当缺乏意义，但我们却没有比它更好的分类标准了。

通过某种取巧的方式让事情变得简单，这就像在上班的路上发现了一条可以抄近路的小巷，让你可以节省两分钟走路的时间，这真是让人感觉棒极了。对于天文学家而言，PSO J318.5-22就是一条取巧的捷径。在研究绘架座β和HR 8799周围的行星时，观测者不得不花费大量的努力来消除母星的光线对观测的影响。而这对于PSO J318.5-22却并不是问题，因为不需要消除它的母星的光线。

作为不会受到来自主星的讨厌光线的影响的天体，PSO J318.5-22成为天文观测的一种理想的候选目标：在几个小时内持续监测它的亮度。天文学家发现，当PSO J318.5-22绕着自转轴旋转时，它的亮度会改变。[4]这表明PSO J318.5-22表面的亮度并不是一致的：随着PSO J318.5-22的自转，它表面的亮斑和暗斑不断进入或移出观测者的视野，导致它看起来在不断改变亮度。对于恒星来说，这样的结果往往意味着它的表面上有黑子，那是由磁场所引起的暗斑。PSO J318.5-22 上的温度不足以产生黑子，所以是其他东西引起了这种变化。

是什么让 PSO J318.5-22 的表面上产生了这些亮斑和暗斑呢？我们现在最合理的猜想是这颗孤独行星的大气中有零落的云。在这些云的空隙间，我们能够更深入地看到它的大气中更热的部分。但是这些云却完全不同于你平时在窗外看到的那些普通的水汽云。

14 阴郁的世界

作为一个苏格兰人，我说话时常常掺杂着那些早已深深渗透到苏格兰英语中的苏格兰字眼。其中，一个非常好的例子就是"dreich"，这个词源自挪威语中的"enduring"一词。它准确地描绘了在苏格兰阴沉、寒冷、潮湿的一天。[1]不过，与铁水雨和熔岩云比起来，苏格兰那惨淡无情的细雨只能说是一点小小的不方便。

对于前面所提到的真实行星的描绘有一点含混不清。我们说过，它们的大小和木星差不多，但质量相当于木星的好几倍。之后，我们还说过它们的高层大气的温度稍稍超过了1000℃，并且简短地提到了云。那么，最后提到的这两件事究竟意味着什么呢？

天文学家认为，前面提到的热木星、HR 8799 b、绘架座β b，以及 PSO J318.5–22 都有云。以现在天文学的技术能力，我们无法像探测太阳系中的行星一样，让探测器飞到这些行星上去，拍摄那些飓风和风暴的云卷云舒。我们只能依赖行星和褐矮星的大气理论模型，测试它们与望远镜观测数据的匹配情况。根据与褐矮星以及直接观测到的巨行星的观测数据的比对，我们当前最匹配的模型表明，这些天体上有云，但并不是我们在地球上所知道的那种云。

当空气中的水蒸气达到一定的温度和压力时，水蒸气中的水分子可以相互黏附，形成相对较大的水滴，这就形成了地球大气中的云。云中的水滴可以维持相当长的时间，而不会因为与其他水滴的碰撞而支离破碎。同时，这些水滴又具备足够的大小，可以遮挡和散射光线。这就使水蒸气变成不透明的水雾，从而形成我们可以看到的云，无论是千载悠悠的白云，还是压城欲摧的乌云。

天文学家认为在像 HR 8799 b、绘架座 β b 和 PSO J318.5–22 这样的行星也存在着云，只是这些云并不是我们常常在地球上看到的水态云。由于它们高空的大气温度达到了 1000—1500℃，因此在这些星球的大气中没有任何地方具有足够低的温度和压力，能够允许水态云的形成和存在。而高温意味着在这些星球的大气中存在着种类更为丰富的蒸气物质。

如果在最近三节中所介绍的行星上不存在水态云，那么它们有什么呢？天文学家认为，在这些星球的大气中，最高层的云是由铁和硅酸镁石（地球地壳中常见的一种硅酸盐矿物）的蒸气构成的。在这些云之上的大气温度更低，压力更小。在这里，铁和硅酸镁石会冷却，凝结成足够大的雨滴，纷纷落下，并随着它们进入大气中更深、更热的部分，重新变成蒸气。在这些铁和硅酸镁石构成的云层之下，天文学家认为还存在着由钙钛矿（地壳中另一种常见的矿物）和刚玉（构成红宝石和蓝宝石的矿物）构成的云层。

在温度更低的巨行星大气中，上文提到的云仍然存在，但仅限于行星大气中更深、更热的部分。在这个云层之上，还存在着由硫化物和氯化物构成的云层（如由氯化钾的蒸气构成的云；氯化钾是低钠盐中发现的氯化钠的替代物）。在这些行星最高层的大气中可能存在着水态云，甚至氨云。这两种云都在木星上发现过。我们能直接观察到一颗像地球和木星这样拥有水态云的系外行星吗？

本节所要介绍的行星，WISE 0855-0714，是像 PSO J318.5-22 一样独自在宇宙中游荡的行星。[2]但与 PSO J318.5-22 不同的是，它并不是某个明确的星群的成员。然而，它的温度非常低，即使它是 100 亿年前在我们银河系的物质盘中形成的第一批天体中的一个，它也只有木星的 10 倍质量。这意味着它处于区分行星和褐矮星的氘聚变分界线之下。与我们迄今所介绍的大多数行星不同的是，WISE 0855-0714 距离地球非常近。事实上，

它是距离太阳第四近的系外系统，排在它前面的有半人马座 α
星、巴纳德星，以及一对褐矮星组成的双星系统，被称为"卢
曼 16"。

到现在为止，我已经详细介绍了存在于年轻巨行星的大气
之中的云。而在这些云层之间和之上的气体也同样重要。在温
度低于 1100℃的行星和褐矮星的高层大气中可能存在甲烷。在
瓦斯炉里用于做饭的就是这种气体。甲烷对于行星特性的观测
产生着巨大的影响，因为像大多数分子一样，它是一个贪婪的
吃货。

正像在第 1 节所说过的，原子是挑剔的食客，仅仅吃掉那
些具有特定能量的光子。在行星大气中的原子仅仅在光谱中显
示出窄窄的线条。分子却不同：它们能以许多种方式与光子产
生互动。像原子一样，光子在击中一个分子的时候，可以让分
子中的一个电子跃迁到另一个能级，但光子还能让分子旋转和
震动。这意味着一个分子可以从一个光子中吸收多得多的能量。
与原子在光谱上细细的线条相比，分子能够在行星的光谱留下
某个波段的巨大缺口。

像绘架座 β b，HR 8799 b 和 PSO J318.5-22 这些行星的大
气中有水蒸气（但没有水态云）和一氧化碳。这样的分子大量
吸收这些行星所散发的红外线，并极大地改变了天文学家所观
测到的光谱。这个过程恰好是我们在地球上所看到的温室效应

的一半。在我们的大气中存在着的能够大量吸收可见光的分子
相对较少。这意味着太阳所发出的可见光可以穿过大气，到达
地球的表面，并为地球带来热量。随后地球再把这些热量散发
回太空。因为地球的温度较低，所以大部分的热辐射是以红外
线的方式进行的。在地球大气中的水、甲烷和二氧化碳吸收了
大量射向太空的红外线，这把大量的热量留在了地球的大气中。
温室效应使我们的行星比没有大气的情况下温暖得多，因此温
室气体本身并不是坏东西。只是因为人类在大气中增加了更多
的温室气体，让这颗行星比我们以前所习惯的温度更高，这才
导致了全球变暖的问题。这会改变我们的居住模式，并且毁掉
人类的栖息地。

让我们回到行星 WISE 0855-0714。一旦行星的大气冷却
下来，在它的上层大气中就可能存在着甲烷。这些甲烷加入了
自助餐的队伍，在行星的光谱上吞食掉了它的那部分。

在温度低于1100℃的褐矮星和行星的大气中存在着足够的
甲烷。而这些甲烷对它们的光谱产生着巨大的影响。这些天体
也具有足够低的温度，如果没有大气中的分子的干扰，那么它
们会在被称为"中红外"的电磁波段释放出巨量的辐射。在这
样的波段，甲烷是非常贪吃的，它尤其善于吸收波长大约在3.4
微米的光线。不过，在这些褐矮星的大气中的甲烷和其他分子
对波长更接近于4.5微米的光线却不屑一顾，所以这种光线可

以逃逸到太空之中。如果你想寻找温度低于 1100℃的天体，那么就去寻找在 4.5 微米波长的光线下明亮，而在 3.4 微米波长的光线下暗淡的天体。

不幸的是，由于地球本身也发出大量这样波长的光线，所以无论是天文学家观测所使用的望远镜，还是他们的视线所穿过的地球大气，在这个波段看上去都是相对明亮的，这让问题有一点棘手。在地面上，天文学家有办法减少这个问题的消极影响，但还有一个地方可以完全避免这个问题：太空。

在 2009 年底发射的 WISE 卫星，用于执行在中红外波段扫描整个天空的任务。它的任务的一部分是调查几种波长的光线，其中就包括 3.4 微米波长和 4.5 微米波长的光线。

这为我们带来了 WISE 0855-0714 的图像。实际上一共有两张图像，是在 WISE 卫星发现了这颗行星后，由斯皮策太空望远镜拍摄的。两张照片的拍摄间隔了 7 个月的时间。在两张图像之间，WISE 0855-0714 移动了。还记得绘架座 β 是怎么在天空中移动的吗？它在天空中移动的速度，只相当于一只像太阳那么远的乌龟在你的视野里移动的速度的 1/12。也就是说，它每年移动一角秒的 1/12。角秒是天文学家用于衡量天体在天空中的移动的一个单位。WISE 0855-0714 每年移动 8 角秒。这并不是因为它穿过银河系的速度更快一些，而是因为它距离我们更近，是距离太阳第四近的系统。

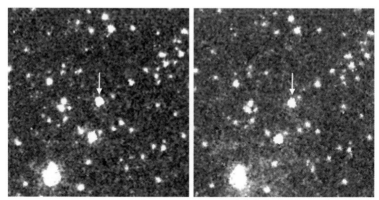

©NASA/JPL-Caltech（作者在原图上做了部分修改）

图 3-5 斯皮策太空望远镜拍摄的 WISE 0855-0714

左侧图像的拍摄日期为 2013 年 6 月，右侧为 2014 年 1 月。两张图像都是以大约 4.5 微米波长的中红外光线下拍摄的。每张图像的大小相当于满月的 1/15。仅仅在半年后，我们就可以清楚地看到 WISE 0855-0714 的空间运动。

WISE 0855-0714 如此突出也是因为它放射出的 4.5 微米波长的光线要比 3.4 微米波长的光线多得多，大约多 25 倍。这个现象，结合它真的非常暗这个事实，表明它的温度很低。结合测算出的距离、中红外波段的 WISE 卫星数据、近红外波段的哈勃太空望远镜的数据，天文学家计算出 WISE 0855- 0714 的温度很可能在 − 45℃到 − 20℃之间。[3] 大致相当于莫斯科的历史最低温度到巴黎的历史最低温度之间。

在这个温度下，WISE 0855-0714 仅仅比木星热 100℃，应该具有前文介绍过的所有类型的云。首先是最深处的钙钛矿和刚玉云层，其次是铁和硅酸镁石的蒸气所构成的云层，最后是硫化物和氯化物构成的云层。关于 WISE 0855–0714，还有一个问题没有明确的答案，那就是在这最后一层之上，是否还有其他类型的云层。WISE 0855–0714 的温度还不够低，不足以产生像木星那样的氨云，但对 WISE 0855–0714 在 4.5 微米波长下的光谱的仔细研究表明它可能拥有水态云。[4] 所以，它可能是一颗阴沉、寒冷而又潮湿的行星。不幸的是，"云"是我们当前所能了解到的一切了。我们当前的理论模型，无论是带有水态云的，还是没有水态云的，都无法完美地复现 WISE 0855–0714 在各个不同波长的辐射情况。[5]

根据它的温度和亮度，WISE 0855–0714 的质量低于氘聚变质量极限，哪怕它是我们银河系中最古老的天体之一。事实上，它的质量可能与同样没有主星、独自漫游于银河之中的 PSO J318.5–22 相似。在几十亿年之后，在围绕着银河系旋转了几十次之后，这颗孤独的 PSO J318.5–22 可能也会变成一颗阴沉、寒冷而又潮湿的行星。

WISE 0855–0714 是一颗气态巨行星。它的温度足够低，从而它的大气中可能存在水态云。不过，如果我们想找到一颗在各方面特性上都与地球更为相似的行星，我们还需要去寻找更为坚实的大地。

第四章
生命

在这一章，我们将遇到一个像地球一样，有着温和的气候条件、适合孕育生命的星球。但是，尽管它在最初看起来颇为熟悉，我们也会发现它处于一个完全不同于太阳系的天体物理环境之中。

15 被诅咒的世界

我上周观察了一颗类地行星。我并不是在某个地处偏远、风景如画的世界级天文台进行的观察，甚至没有使用望远镜。我就是在太阳刚刚落山的时候，站在自己家的阳台上进行的观察。我看到的这颗行星并不是由某个高科技的太空卫星发现的，而是古人们最先发现了它。你也许早就听说过它，它叫金星。

我们在介绍开普勒 –10 b 的那一节中讨论了"类地行星"这个字眼。在某些方面，金星与地球非常相似。它是一颗岩质行星，仅仅比我们的世界小一点。它的大气中富含氧气；它的表面有着高山和峡谷。但不幸的是，对于任何未来的星际游客来说，金星在其他许多方面都与地球截然不同。金星表面的大气压大约是地球的 90 倍。假设你坐在北海的最深点，挪威海沟的底部，700 米深的海水的重量压在你的身上。但这时你所感受到的压力仍然小于金星表面的大气压力。金星的大气如地狱般可怕：空气中的氧是以二氧化碳的形式存在的，而地表的温度超过 450℃。

那么我为什么要向你讲述我们这个古怪的姊妹世界呢？因为影响了金星的魔咒，也很可能影响了我们在这一节中将要遇到的另一颗行星。

在本书中，最初的 6 颗行星世界是天文学家使用较小的望远镜（相对于那些最先进的天文台）发现的。随后我们遇到的世界是由专门的开普勒太空望远镜，巨大的 ALMA 次毫米波天线阵列和一些现有的最大的望远镜所发现的。

对系外行星的发现激发了天文学家们层出不穷、富于创意的新想法。一些想法催生了像开普勒太空望远镜这样昂贵的天文设施，而另一些想法则推动了更为廉价的项目，如发现 WASP-19b 的小型望远镜阵列。本节所要介绍的行星是由安装在一座古老的天文台中的一台新式小型望远镜所发现的。特拉比斯望远镜（TRAPPIST）是坐落在智利拉西拉的一台 60 厘米望远镜。它的名字来自那则准许酿造啤酒的宗教命令。它所在的天文台之前用于安装一台瑞士拥有的小型望远镜。这台比利时和瑞士合资建造的特拉比斯望远镜是全自动的，并且可以由操作者在欧洲进行远程控制。它的镜片大约是为绘架座 β b 和 HR 8799 b 拍摄图像的那些大型望远镜的 1/200。

特拉比斯望远镜用于观测那些被称为红矮星的众多暗淡的

小型红色恒星的亮度。当天文学家在寻找一些小型行星时，这种类型的恒星就提供了很大的研究优势。由一颗凌星的行星所导致的恒星亮度的降低程度，即凌星深度，取决于行星和恒星的大小。一颗地球大小的行星在凌星一颗太阳大小的恒星时，所产生的凌星深度只有 0.01%。而同一颗行星在凌星一颗小型的红色恒星时，能产生 1% 的凌星深度。后者的凌星深度当然更易于检测到。

那些寻找行星的天文学家的一线希望却蒙上了阴影。我们自己的太阳也有磁场，而太阳"表面"上那些存在最强磁场的地方常常密布着太阳黑子。太阳黑子的温度比周围的温度更低，因此看起来像是黑色的。而在红矮星上更为强烈的磁场导致它们的表面布满了一大群一大群的暗斑。随着恒星旋转，这些暗斑也会随之移入或移出观察者的视野。有时从地球上能够看到的恒星面出现的黑子会更多，有时则会更少。这意味着随着恒星转动，恒星的亮度会改变。红矮星上的黑子有时会非常多，导致它们的亮度在一个自转周期内会发生剧烈的波动。这对于寻找系外行星的天文学家来说并不是致命的打击，它只是意味着天文学家在寻找行星前，先要仔细地消除由黑子导致的亮度波动所带来的额外影响。

在 2015 年 9 月，特拉比斯望远镜开始观测距离太阳 40 光年远的一颗暗淡的红色恒星。在第 12 节，我们了解了褐矮星的概念。褐矮星的质量大于行星，但又不足以引发为恒星提供持续能量的核聚变反应。而特拉比斯望远镜所观察的这颗恒星的质量仅仅勉强能够维持内核的核聚变过程。它就在一颗恒星所能达到的最小质量的极限上。

很快，操纵特拉比斯望远镜的天文学家开始在这颗恒星的亮度变化中发现行星凌星的迹象。随着时间推移，他们观察到了越来越多的凌星现象，这证明至少有一颗行星在围绕着这颗恒星转动。在消除了恒星"表面"旋转的黑子所带来的影响之后，这些天文学家终于能够宣布在这个系统中发现了 3 颗行星。[1]这些行星是：

TRAPPIST-1b，这颗行星的半径大约比地球大 13%，公转轨道周期为 1.5 天。[2]

TRAPPIST-1c，它的半径大约比地球大 10%，公转轨道周期为 2.4 天。

TRAPPIST-1d，它的半径大约比地球小 21%。

由于有些时候特拉比斯望远镜并不观测这颗恒星，因此天文学家错过了几次凌星现象，所以他们最初没能计算出最后一颗行星的轨道周期。后来，他们发现 TRAPPIST-1d 的公转轨道周期是 4 天。为使用凌星时间变分法来计算每颗行星的质量，天文学家使用另一台望远镜进行了进一步观察。这些计算表明 TRAPPIST-1b 的质量大约相当于地球质量的 1.02 倍，而 TRAPPIST-1c 则拥有大约 1.16 倍的地球质量，TRAPPIST-1d 的质量只有地球的 3/10。[3] 根据这些测算结果，再结合对每颗行星大小的估测，我们可以得知这 3 颗行星都很可能属于岩质行星。3 颗行星中间的 TRAPPIST-1c 是本节的主角。

TRAPPIST-1 系统的母星很小，质量也很低。小质量的恒星，再加上各颗行星的公转轨道周期都很短，说明这个系统令人难以置信的紧凑。TRAPPIST-1b 距离它的恒星大约 170 万公里。作为比较，距离太阳最近的行星——水星，距离太阳也有 5800 万公里。按比例来说，TRAPPIST-1 系统更好的类比对象是木星和它的卫星。恒星 TRAPPIST-1 比木星的质量大 80 倍，但与木星的物理体积差不多大。木星有 4 颗巨大的卫星，但都比 TRAPPIST-1 的行星小。在木星的卫星中，最远的一个——木卫四，距离木星大约 190 万公里。除了在物理尺度上的相似之外，木星的卫星系统也表现出了一个与 TRAPPIST-1 的行星很相似的现象：这些卫星保持较高温度的奇怪方式。

当我们思考是什么让地球如此温暖时，常常会想到太阳。不过，在地球上还存在着其他热源，而且就在我们的脚下。在我们的地球刚刚形成的时候，它是一大块融化的石头。在早期太阳系中，那个饥饿而年轻的地球吞食着巨大的陨石雨。这些陨石轰然碰撞在地球上，产生了热量。在那以后，地球渐渐冷却下来，并形成了固态的地壳。地球形成40多亿年后，其内部残留的热量，在一定程度上使得地球的地核仍是熔融状态。内部所残留的热量，在一定程度上使得地球的地核还是熔融状态。

在地球内部还有另一种热源。在地球的地核中发现了铀这类的放射性元素。这些元素随着时间一点点衰变，并产生热量。这更加有利于地球保持着熔融状态。木星的卫星在最初形成时也是熔融状态，并且也有放射性衰变所产生的热量在加热它们的内核，但它们还有另一个能量源。

让我们回顾一下 HD 209458 b，本书中的第二颗行星。在我们介绍这颗行星时，我们遇到了潮汐锁定的概念。HD 209458 b 的星体被其母星的引力拉长，导致它具有一个面向恒星的隆起。当这颗行星公转时，恒星的引力拉扯着这个隆起，迫使行星始终以同一个面朝向恒星。木星4个巨大的卫星同样也被潮汐锁定了。木星的引力拉长了这些卫星的星体，并拉扯着它们的潮汐隆起。这意味着，每颗卫星都时刻以同一个面朝向木星。

木星引力的拉伸力量也发挥了其他作用。这些卫星相互拉扯、牵绊，从而使它们绕木星旋转的轨道变成了椭圆形，而不是正圆。在椭圆形的轨道中，这些卫星到木星的距离在时刻发生着变动。而随着距离的变动，木星施加在卫星上的潮汐拉伸力也在时刻变动着。这意味着，在每颗卫星的整个公转轨道周期内所受到的潮汐拉伸力也在时时变动着。有时，某颗卫星会运行到木星附近，从而受到强大的拉伸力；有时，卫星又会运行到远离木星的地方，所受到的拉伸力则更弱一些。形状上的不断改变也会加热这些卫星，因此，木卫一——距离木星最近的大卫星，受到的潮汐热最强。这个过程所产生的热量，要远远多于其他热源所提供的热量，包括木卫一形成过程的残热和内核放射性元素的衰变热。这些热量导致木卫一的固态地表之下形成了一个熔岩的海洋。

TRAPPIST-1 的 3 颗行星都处于潮汐锁定状态。由于非常靠近恒星，而且有着椭圆形的轨道，TRAPPIST-1c 就像 TRAPPIST-1b 和 TRAPPIST-1d 一样，会受到由它的恒星引力的拉伸力量所导致的巨大的潮汐热。在每颗行星的表面，由于潮汐拉伸作用而产生的来自星体内部的热流，将大于地球所存在的放射性元素衰变热和星球形成过程中的残热的总和。[4]

除了来自潮汐拉伸作用的热量，TRAPPIST-1 的行星还被来自其恒星的光芒所加热。红矮星放射出的光线要比太阳这样的恒星少，所以非常靠近它们的行星也不会像水星或开普勒 -10 b 这样被强烈、炽热的光线所炙烤。计算 TRAPPIST-1 的每颗行星接收了多少热量是相对比较容易的。在分别测试这 3 颗行星的宜居性时，你也许会以为这很简单。不就是测试每颗行星的热源是否会让这颗行星具有可以支持液态水存在的温度吗？但事情并没有这么简单。

　　从 TRAPPIST-1 系统的中央恒星放射而出的热辐射会到达每颗行星，加热它们。然后这些行星也会向太空辐射热量。不过，就像 WISE 0855-0714 一样，TRAPPIST-1 的每颗行星的大气中的分子也会在放射向太空的光线的光谱上留下巨大的黑色空隙。这会把热量困在行星的大气中，提高行星的温度。

　　温室效应会加热具有浓厚大气的行星世界。但这并不是说，这颗行星的温度会一直升高。更高的温度意味着辐射向太空的

©NASA/JPL-Caltech

图 4-1 TRAPPIST-1 系统中行星的艺术概念图

这张图表现了基于天文观测和行星气候模型的模拟结果，每颗行星所可能呈现的样子。恒星 TRAPPIST-1 和它的行星的大小都是按比例呈现的，但它们之间的距离并未按比例呈现。

热量也会更多，因此行星接收的热量和辐射向太空的热量之间
最终会形成一个平衡。

我们太阳系中的水星上的温室效应比地球上的要严重得
多。我们这颗姊妹星球在它的生命早期很可能拥有过一个海洋。
几十亿年之前，太阳还没有现在这么亮。所以金星所接收到的
来自太阳的热量也比现在要少。最终太阳变得越来越亮，金星
上的温度开始升高，海洋开始蒸发。而大气中的水蒸气会吸收
掉大量的热辐射，加剧了金星的温室效应，也进一步提高了金
星的温度。更高的温度带来了更大的蒸发量，导致大气中的水
蒸气更多，于是温度进一步提高。高温的大气会产生强烈的对
流气流，把水蒸气带到高层大气之中。在高空，太阳放射的紫
外线会把水蒸气分解成基本的组成元素——氢气和氧气。然后
氢气会逃逸到太空之中。

在地球上，水在大气中发挥着调节的作用。二氧化碳会溶
解在水中，并作为略显酸性的雨落在地面上。酸雨会与岩石发
生化学反应，从而消除大气中的二氧化碳，在金星上，随着水
的毁灭，原本的调节因素消失了。火山把越来越多的二氧化碳
喷射到大气中，但是没有水来消除这些温室气体。失控的温室
效应把金星加热到了它现在的温度。它过于炎热、干燥，无法
孕育生命。

TRAPPIST-1c 很可能遭受着与金星同样的命运。[5] 即使它

在一开始拥有海洋，也会很快地蒸发掉。这颗行星的昼侧会形成巨大的对流圈，把水推向高层大气。在那里，水分子会被分解。TRAPPIST–1c 过于靠近它的恒星，使它难以形成稳定、温和的气候条件。如果它的确拥有浓厚的大气，那么它可能会遭受到与金星一样的诅咒，变成一个酷热、干燥的死亡世界。

　　在本节中，我们结识了围绕恒星 TRAPPIST–1 旋转的 3 颗行星，但故事并没有结束。天文学家继续观察这颗恒星，看到了更多的凌星现象。这让他们在这个系统中发现了更多的行星，其中就包括我们要在下一节遇到的这颗行星。

16 刚刚好的世界

在本书的开篇处，我们探讨过地球与各种系外行星有多么不同。我们也讨论过我们的太阳系与其他行星系统有多么不同。在这一节，我们将遇到一个像地球一样，有着温和的气候条件，适合生命滋生的星球。但是，尽管它在最初看起来颇为熟悉，我们也会发现它处于一个完全不同于太阳系的天体物理环境之中。

在上一节中，我们结识了 TRAPPIST-1 系统中的 3 颗行星。这些行星的大小与地球差不多，环绕的恒星比太阳的温度更低，并且只有太阳质量的 8%。这个发现让天文学家开始使用各种望远镜来观测恒星 TRAPPIST-1。在宣布发现上述 3 颗行星的大约 1 年后，天文学家又在 TRAPPIST-1 系统中发现了 4 颗行星，它们是：[1]

TRAPPIST-1e，这颗行星的半径比地球小 8%，质量相当于地球质量的 4/5 倍，公转轨道周期为 6 天。[2]

TRAPPIST-1f，这颗行星的半径比地球大 5%，质量相当于地球质量的 9/10 倍，公转轨道周期为 9 天。

TRAPPIST-1g，这颗行星的半径比地球大 15%，质量相当于地球质量的 1.2 倍，公转轨道周期为 12 天。

TRAPPIST-1h，这颗行星只有地球半径的 78%，质量为地球质量的 1/3，每绕恒星公转一圈要花费略少于 19 天的时间。

天文学家是使用凌星时间变分法，也就是根据这些行星之间相互的引力牵绊所导致的凌星时间的提前或延后，计算出了上述行星的质量。[3]

尽管一些非主流的科幻小说中会渲染一些嶙峋的巨大石头怪物以及其他不基于碳和水的生命形式，但大多数人对于外星生命的外观的思考仍然是围绕着地球生物的外观来进行的。为了支持类似于我们家园的生命的生息繁衍，这些异星世界必须能够支持液态水的存在。

像 TRAPPIST-1 这样的红矮星放射的光线比像太阳这样的恒星少。宜居带是指一颗恒星周围可以加热其行星，使其具有较高的温度，足以保证液态水存在的区域。由于 TRAPPIST-1 放射出的光线相对较少，TRAPPIST-1 的宜居带也比像太阳这样温度更高的恒星离得要近得多。尽管非常靠近恒星，并且公转轨道周期很短，但在 TRAPPIST-1 系统中的某颗行星也许能够支持液态水的存在。

　　天文学家已经为 TRAPPIST-1 系统中的 3 颗行星（d、e 和 f）运行了计算机气候模型，以测试它们的宜居性。[4] 他们没有模拟行星 g 和 h 的气候条件，因为它们的表面过于寒冷，不可能存在液态水。对 TRAPPIST-1d 的模拟表明，它很可能像它的近邻 TRAPPIST-1c 一样，受着失控的温室效应的影响。因此，它很可能太热，使液态水无法存留在它的表面上。TRAPPIST-1f 拥有主要由二氧化碳组成的浓厚的大气层。尽管如此，天文学家还是发现这颗行星的温度太低，无法支持液态水在其表面的存在。因此，它很可能像它在外层轨道上的邻居，行星 g 和 h 一样，是一个冰封的世界。这就只剩下了 TRAPPIST-1e，本节的主角，一个可能处于宜居带上的世界。在这颗星球上的温度恰好适宜液态水的存在。

　　TRAPPIST-1e 的温度取决于它的大气成分。如果大气中的二氧化碳过多，那么它的温度就会过高。在地球上发现的大多数生命形式将不适宜在这颗星球上生存。它仍然能够支持液态水的存在，但过高的温度却无法支持与人类有着类似生理机制的生物的生存。然而，在地球上的确也有一些生物生活在奇特的不友好的生存环境中。比如，在美国黄石公园的间歇泉中的细菌，在东非的碱性湖泊中的微生物，以及在海洋深处火山口生活的奇特生物。因此，即使 TRAPPIST-1e 的大气温度太高，无法让你我生活于其中，它仍然可能支持一些极端的生命形式。

另外，TRAPPIST-1e 的大气中也许只有少量的温室气体，这会导致它表面的水结冰，但我们不能就此绝望。在 TRAPPIST-1 系统中的所有行星都处于潮汐锁定状态，它们总是把固定的一个面朝向它们的恒星。这意味着，在冰冻的 TRAPPIST-1e 上，会有一个地方时刻接受着恒星光线的直射。在这颗行星上的这个区域，较高的温度会使冰融化，产生一个小小的海洋。

TRAPPIST-1e 的大气中的温室气体也许恰好不多不少，使它的表面温度能够维持液态水和生命的存在。同样，在这颗行星上将有一个区域时刻接受着恒星光线的直射，那里会像热带地区的中午一样，有着由蒸发的水蒸气组成巨大的云。这颗星球也会有整个半球永远处于黑夜之中。但大气会重新分配行星的热量，把行星昼侧的热量输送到夜侧，让夜侧不至于结冰。不过，星球两极的冰盖会在夜侧更大一些。

对于 TRAPPIST-1e，存在着以上 3 种可能性。那么我们如何才能确定这个异星世界究竟处于这 3 种可能性中的哪一种呢？

在第 4 节，我们遇到了 WASP-19b——一颗热木星。我们通过光谱学确定了它的大气特征。行星那薄薄的一圈大气在行星的凌星信号中留下了它的印记。在行星大气中的分子"吃掉"了 WASP-19b 的母星的一些光线，改变了这颗行星的凌星深度。

在确定像 TRAPPIST-1e 这样一颗行星的大气特征上，凌星光谱分析法的确是一个非常好的方法。事实上，天文学家已经这样做了。通过哈勃太空望远镜对它进行的首次观测表明，这颗行星的大气中并不富含氢气。[5] 这说明它的大气与海王星的大气成分不同，也许它的大气成分会与地球的类似。进一步的凌星光谱观测还能告诉我们关于 TRAPPIST-1e 的哪些信息呢？

让我们以一颗已经经过细致研究的宜居行星——地球——来作为例子。看看从太空拍摄的地球照片，我们能看到大片的森林和草原。然而，在地球的生命进化史中的大多数篇章中，复杂有机体，像大型的动物和植物，并不存在。这并不是意味着你在太空无法检测到生命的迹象。微生物可以产生像氧气和甲烷这样的气体。事实上，在几十亿年之前，动物和植物还没有出现的时候，是微生物改变了我们的大气，让大气中富含氧气和甲烷。这样的气体，以及更为复杂的分子产生了生物进程。这被称为生命印记，而且可以通过凌星光谱分析法检测出来。值得注意的是，正如经常发生的那样，宇宙可以制造出一些虚假的生命印记。比如，一颗遭受着失控的温室效应的干涸行星，会失去水分解后的氢气，而留住了氧气。[6]这样一颗死亡星球就可能在天文学家研究它的时候显得生机勃勃。

不幸的是，TRAPPIST-1e 环绕着一颗相当麻烦的恒星，这让天文学家难以开展凌星光谱分析。[7]恒星 TRAPPIST-1 是一个多斑的、红色的小型恒星。由这颗恒星强大的磁场所导致的大量黑子，使这颗恒星在一个自转周期中不断地改变亮度。这是因为随着恒星的旋转，这颗恒星表面的黑子在不断地移入和移出观察者的视野。凌星光谱分析法所观测的，正是恒星的一部分被行星的大气所遮蔽时，恒星的光谱会发生怎样的变化。一颗行星在凌星一颗多斑的恒星时，有时会在凌星的过程中穿过恒星黑子的上空。比起"穿过"恒星"表面"明亮的区域，穿过黑子的正前方所挡住的光线更少。这意味着，行星大气所遮蔽的光线总量取决于它是穿过了某个黑子还是更为明亮的区域的正前方。在恒星上的黑子也比恒星"表面"的其他区域温度更低。与恒星的其他区域相比，温度更低的黑子有着不同的、更红的光谱。因此，当行星的固态星体和周围的大气层遮蔽了恒星上的一个黑子的时候，不仅会影响到我们所接收到的恒星光线的总量，也会影响到正常的光谱观测。

所有这些都意味着，当这颗行星穿过恒星上空的不同区域时，我们所接收到的它的凌星光谱分析信号会不断地变动。再加上这些黑子本身也会随着恒星的转动而移动并移出观察者的视野。这一切，在这个原本就相当困难的观测之上又平添了大量的干扰。最近，关于这些多斑的恒星"表面"的计算机模型的发展，已经使得一些旧有的观测结果得到了修正。回想我们遇到 WASP-19b 的第 4 节中，一次最近的研究没有发现在其他的观察中所看到的光谱特征。天文学家针对 WASP-19b 那可能多斑的恒星，制作了更为细致的模型，从而去掉了这些光谱特征。WASP-19b 所环绕的恒星比 TRAPPIST-1 的温度更高，黑子更少。对 TRAPPIST-1 这样的恒星周围的行星进行凌星光谱分析，是否能让人们准确地检测出像氧气和甲烷这些生命印记，还有待分晓。

TRAPPIST-1e 是一颗大小与地球相当的行星。而它的表面是否存在液态水，取决于它的大气成分。然而，它处于一个与我们地球完全不同的天体物理环境之中。它的一个半球处于永远的黑夜之中，而另一个半球则不断地被它的恒星所加热。TRAPPIST-1 系统在另一个方面与我们太阳系不同：它的大小与结构。共有 7 颗类地行星在围绕着 TRAPPIST-1 旋转，而我们太阳系中只有 4 颗。TRAPPIST-1 系统也很小，大小又与木星的卫星系统相当。那么这样一颗小型恒星如何能够建立起这样一个丰富而紧凑的行星系统呢？

恒星 TRAPPIST-1 周围的行星的形成过程很可能与 HL Tau 周围仍处于合并之中的各颗行星类似。在 TRAPPIST-1 的年轻时期，在它的周围形成了一个由气体和宇宙尘埃组成的物质盘。随着时间推移，尘埃相互黏附，形成了石块。石块相互合并，从而形成了行星胚胎。

在所有孕育行星的物质盘中，都有着一条无形却至关重要的分界线——雪线。在雪线之外，物质盘的温度低到足以形成冰。在雪线之内形成的行星所含有的水会相对较少。但在与更远处的冰体的碰撞中，这些行星会进一步补充水分。这也是地球如何获得这么丰富的水资源的一种可能的解释——来自与一颗富含水的小行星的碰撞。在雪线之外形成的行星可以吸收巨量的水分。这为我们研究 TRAPPIST-1 系统的形成过程提供了一种取巧的技术。

在第 8 节中，我们遇到了开普勒 -36 系统。这个系统包括两颗行星。这两颗行星的质量都相当于地球质量的数倍。天文学家运用凌星时间变分法，计算出了每颗行星的质量，再根据凌星深度，估算出了每颗行星的大小。然后，他们根据不同的构成物质（如铁、岩石、冰以及像氢和氦这样较轻的气体）的不同数量，为每颗行星构建了大量的计算机模型。把这些模型所估算的每颗行星的大小，与开普勒 -36 系统的两颗行星的实际观测大小相比对。这个过程约束了两颗行星的构成条件，并且结果表明其中的一颗行星是超级地球，而另一颗是小型海王星。

天文学家把同样的技术应用在 TRAPPIST-1 系统上。[8] 模型显示，TRAPPIST-1c 是一颗相对干燥的行星，而 TRAPPIST-1b 可能拥有小小的水态包层。对于 TRAPPIST-1d 和 TRAPPIST-1e 的质量的测算并不准确，不足以对它们的结构产生良好的约束。3 颗外层轨道上的行星（f、g 和 h）都显示出拥有大量的水的迹象。这 3 个世界距离它们的恒星非常遥远，即使拥有浓厚的大气层，它们的表面仍然是极为寒冷的。不过，就像木星的两颗卫星——木卫二、木卫四一样，潮汐热也许能为它们提供地表之下的海洋。但是，木卫二的冰层大约有 10 公里厚，冰层之下是大约 100 公里深的海洋。而 TRAPPIST-1f 很可能覆盖着 2000 公里厚的冰层。

外层轨道上的 3 颗行星富含水分的情况，为我们了解它们形成的过程提供了一丝线索。TRAPPIST-1 系统中所有行星现在的轨道都在最初的雪线之内。这意味着，如果它们就在现在的位置形成的话，那么它们周围的物质盘温度会太高，无法产生供行星胚胎吞噬的冰。那么，这 3 颗行星是从哪里得到它们的冰的呢？

如果 TRAPPIST-1f、g 和 h 都形成在远离它们的恒星的位置，它们原本可能形成在一个含有很多冰的区域。在雪线之外，原本会存在大量的冰供它们去吞噬。因此，在外层轨道上的这 3 颗行星很可能原本形成的位置远离它们的恒星，随后再逐渐向内迁移。它们的迁移可能是因为它们与孕育行星的物质盘之间的相互影响，也可能是因为行星之间的相互影响。最终，TRAPPIST-1 的各颗行星形成了一系列紧凑而又共振的轨道结构。TRAPPIST-1h 每绕恒星转 1 圈，g 就会转 3 圈，f 转 4 圈，e 转 6 圈，d 转 9 圈，c 转 15 圈，而 b 转 24 圈。这种小心翼翼的安排已经持续了 70 亿年以上。[9]

　　TRAPPIST-1e 是一颗与地球大小相似的行星。它可能支持液态水的存在，但它处于一个与我们太阳系截然不同的天体物理环境之中。这些天体环境中的差异在很大程度上是因为它在围绕着一颗红矮星旋转。但是，还有其他的红矮星为地球大小的行星制造了糟糕得多的天体环境。在下一节，我将为读者介绍其中之一。

17 饱受摧残的世界

狮身人面像。我所说的并不是吉萨金字塔旁边那个标志性的雕塑，而是一种完全不同的雕刻作品。在中国西北甘肃省的戈壁中，坐落着敦煌雅丹地貌。在这里，也有着一座"狮身人面像"，这并不是埃及那个的蹩脚复制品，事实上，它甚至比那个位于撒哈拉大沙漠中的那个还要古老。

位于埃及吉萨金字塔的狮身人面像，是由众多技艺高超的艺术家从坚实的大理石石床上雕刻而出的。在敦煌雅丹地貌中的是由坚实的岩石形成的。但它是出自一位完全不同的雕塑家之手，那就是沙漠的风。雅丹是指在沙漠中，经过漫长的岁月中，被风和沙漠中的沙子所侵蚀和雕琢的、暴露于地表之上的岩层。这些结构往往与当地盛行的风为同一个方向，而且可能会酷似动物，雅丹地貌中的"狮身人面像"就是这样一个例子。

前面，我们已经讨论过一颗恒星会如何影响一颗行星的大气，以及如何影响它孕育生命的可能性。在本节中，我们将遇到的这个世界可能会孕育生命，但是，它们就像雅丹地貌中的"狮身人面像"一样，受到了狂风的无情打击。

天文学家使用视向速度法发现了第一颗系外行星。在本书中的很多章节，我们更关注那些使用其他方法（主要是凌星法）所发现的更小的行星世界。不过，经过在观测设备和分析方法上的不断改进后，我们仍然在不断地运用视向速度法发现系外行星。天文学家运用这项技术，也在发现越来越小的异星世界。

红矮星由于其强大的磁场而多斑，正如我们所见，这给我们试图检测红矮星周围的行星的凌星现象时带来了困难。红矮星上的这些黑子也为视向速度法制造了麻烦。

回想一下第 5 节，我们遇到 HAT-P-7b 的时候。HAT-P-7b 似乎是一颗在反向围绕恒星旋转的热木星。天文学家可以通过观察它在凌星时对它的恒星的光谱线条的影响来推算出它公转的路径。恒星也在自转，所以当它旋转时，它的一个半球在转向我们（观察者），而另一个半球在转离我们。这意味着，这颗恒星的一个半球的光谱特征会逐渐趋于更红的波长，而另一个半球则会逐渐趋于更蓝的波长。当 HAT-P-7b 凌星时，如果它挡住了母星正在转向我们的半球，那么在光谱特征上，它就挡住了一部分趋蓝的光线。这让这颗恒星的光谱特征趋向于更红的波长，看起来就像这颗恒星正在远离我们。同样，如果在凌星的过程中，HAT-P-7b 挡住了它的恒星中正在转离我们的半球，那么它也就为每根光谱线条挡住了一些红光，从而造成所有光谱线条的蓝移。这看起就像这颗恒星正在向我们飞来。

恒星上的黑子也能导致类似的效果。这是因为它们比恒星其他的地方更暗，所以也能导致我们所接收到的，恒星光谱线条中的蓝色或红色部分的光线亏减。随着恒星转动，在恒星"表面"横向移动的黑子，首先会导致蓝移光线的亏减，看起来就像恒星正在远离我们。随后，当黑子移动到恒星上光谱特征更红的半球，它就会导致红移光线的亏减，看起来就像恒星正在靠近我们。所以，那些使用视向速度法来寻找红矮星周围的行星的天文学家，一定要仔细考虑到这颗红矮星上的黑子。否则，他们就会不断地发现"行星"，但其实那只是这颗红矮星表面随机分布的黑子。

在实际天文观测中，使用视向速度法来发现系外行星，通常需要在长达数月，甚至数年的时间中对某颗亮星的视向速度进行大量的观测。进行视向速度观测的天文学家往往不能在他们的观测数据中找到存在某颗行星的信号。结果，在天文台的数字档案中就存储了大量的视向速度观测数据。

随着统计分析技术的进步，天文学家回过头来，重新检视这些观测数据。在智利、英国和其他国家的一群天文学家开始重新研究比邻星的存档数据。它是最靠近太阳的一颗红矮星。还记得在本书的开篇处，我们如何把太阳系比喻成大西洋上的一个小岛——七海爱丁堡，如广阔海洋般的宇宙空间把它与最近的恒星分隔开来吗？比邻星就是那个最近的岛。比邻星相对于太阳系，就像圣赫勒拿岛相对于七海爱丁堡。

天文学家团队从比邻星发现了一个可能的视向速度信号。因为急于确认结果，这个团队使用他们在智利的一台原本用于存档观测的望远镜进行了更多的观测。这些后续的观测，与存档数据结合在一起，表明在比邻星附近有一颗公转周期为11天的行星。[1] 在广阔无垠的星际之海中，距离我们最近的"小岛"上有一个"小镇"。

天文学家没有检测到这颗行星（比邻星 b）的凌星现象，所以我们无法测算它的半径或公转方向。因此，我们仅仅能够估算出它的最小质量值相当于地球质量的 1.3 倍。比邻星是一颗红色的小型恒星，所以它的宜居带也比像太阳这样的恒星要近得多。一颗公转周期为 11 天的行星恰好坐落在比邻星的宜居带之中。如果比邻星 b 的真实质量接近于它的最小质量估算值，那么它就是一颗位于 4 光年之外，并且表面能够支持液态水存在的岩质行星。

但还有一个问题就是它的恒星。

比邻星是一个三星系统中质量最小的恒星。在这个系统中的另外两颗恒星是半人马座 α 星 A 和半人马座 α 星 B。比邻星距离这两颗行星大约有 15000 个地日距离。

作为一颗质量较小的红色小型恒星，比邻星的亮度和温度都不算高。像它这样的恒星具有很强大的磁场，在恒星周围的磁场就像绷紧的弹簧。有时，一些磁场线会自己舒展开来，通过巨大爆发把高能粒子送入太空。恒星也会因此突然变亮。我们的太阳经常发生相对较小的磁爆发。其中，规模最大的那些磁爆发会在地球的南北极附近引发非常壮观的极光现象。最为极端的太阳磁爆发会毁掉地球的电力和通信网络。事实上，在 1859 年，地球上的电力通信网络还处于襁褓之中的时候，有记载以来最大的一次太阳风暴让电报设备爆发出火花，让电报纸纷纷燃烧。[2] 有着强大磁场的比邻星，爆发的规模比太阳要大得多。这颗暗淡的红色恒星，它的亮度要提升 100 倍才能让我们用肉眼观察到。但在最近的一次爆发中，它的亮度足足提升了 68 倍。[3] 想象一下我们在地球上，太阳的亮度突然增加了 68 倍会怎么样。

比邻星也会发出强烈的恒星风。冲击比邻星 b 的粒子流比冲击地球的太阳风强 10 倍。恒星的不同部分所产生的恒星风的强度也会有所不同。这意味着，在比邻星 b 环绕恒星公转的过程中，它所受到的恒星风的强度也在时时变化，其中的峰值比地球所受到的太阳风强 2000 倍。[4]

©ESO 和 M. Kornmesser（作者在原图上进行了裁切处理）

图 4-2 比邻星 b 的艺术概念图

这颗与地球大小相仿的行星环绕着距离太阳最近的恒星旋转，却饱受比邻星的恒星风和紫外线的冲击。

那么，这个残酷的环境如何影响着比邻星 b 呢？它会像敦煌的雅丹地貌一样，饱受风的侵蚀吗？或者它能维持它的大气层并孕育生命吗？

沙漠的风，侵蚀了敦煌雅丹地貌的岩石地表。恒星风不会雕刻比邻星 b 的岩石地表，但来自恒星的粒子狂风会严重地影响这颗行星的大气。

比邻星 b 并不是毫无防护地穿过这狂暴的太阳风，它很可能有一面"盾"。地球的磁场保护我们免于受到来自太阳的粒子流的冲击。比邻星 b 可能也拥有磁场。这会保护它的低层大气不会受到恒星风的侵蚀。不过，这面"盾"也有一个弱点。

在这颗行星的磁极附近，对高层大气的保护是比较弱的。这会导致恒星风暴会剥离这个区域的大气中的粒子，使其脱离行星引力的控制。在由比邻星的磁爆发所引起的恒星风暴中，在这颗行星的磁极附近甚至会有更多的气体被剥离。根据天文学家的计算，从比邻星 b 上剥离类似地球的大气层大约需要 3.65 亿年的时间。[5] 考虑到这颗行星很可能已经存在了几十亿年时间，这就意味着这颗行星的大气早就被侵蚀殆尽了。不过，在这颗行星地表上的火山所喷发的气体，也许足以平衡恒星风暴的侵蚀量，从而维持行星的大气。

来自比邻星的恒星风暴也会对这颗行星的高层大气中一个重要层面造成破坏。在我们高层大气中的臭氧层保护着地球免于遭受来自太阳的紫外线的极端破坏。比邻星 b 所经受的粒子风暴中的高能粒子波可能会撞入这颗行星的大气，毁掉它的臭氧层。[6] 这会导致生命更难以在这颗行星的表面上生存下去。

不仅恒星风暴会威胁到比邻星 b 的大气层。有些反常的是，像比邻星这样一颗温度较低的红矮星却以最蓝的波长（紫外线和 X 射线）放射出大量的电磁能量。这是由于它那高温而弥散的外层大气被微波和它那强大的磁场所加热。比邻星 b 所受到的紫外线和 X 射线的辐射比地球多 30 倍，这对这颗行星所能拥有的任何大气造成了巨大的破坏。[7]

在第 15 节，我们讨论了 TRAPPIST-1c 和金星。后者曾经拥有的海洋被加热并蒸发殆尽。来自太阳的紫外线把水分子分解为氧气和氢气。随后，氢气散逸到太空中。TRAPPIST-1c 可能也遭受了同样失控的温室效应。

即使比邻星避免了温室效应的失控，并且保留住了一部分水，但一个类似的过程仍然可能会影响到它。紫外线会分解在高层大气中的水分子，随后氢气会飘散在太空中，这可能导致这颗行星失去巨量的水。这个水量可能略少于地球上的水量，也可能相当于地球水量的好几倍。由紫外线辐射所导致失去的水量，以及比邻星 b 的宜居度，都取决于这颗行星和它的恒星的早期历史。

在上一节中，我们看到了，如果 TRAPPIST-1e 形成在远离恒星的位置，那么它可能具有丰富的水量。这是因为行星形成在远离恒星的位置上，也就形成于雪线之外。这样的行星能够在它们最初的成长过程中吸收大量的冰体。

行星在形成时远离其恒星，也能使它在尴尬的恒星青春期与恒星保持距离。TRAPPIST-1e 和比邻星 b 的母星都是温度和亮度不高，质量较低的恒星。小质量恒星比大质量恒星的寿命更长。一些大质量恒星只能燃烧几百万年就会耗尽它们的核聚变燃料资源。而小质量恒星却能燃烧上万亿年。这些小质量恒星也进化得更慢。这就是说，即便在它们诞生并形成了周围的行星之后，它们的表现也不像一颗成熟的恒星。恒星从一出生就明亮地闪耀着光芒，然后在舒适的中年安顿下来，稳定地燃烧氢，并以一个恒定的发光度闪耀着。而小质量恒星可能拥有长达几亿年的狂野的青春期。

如果比邻星 b 形成在它现在与恒星的距离上，那么它就会受到暴躁的青春期恒星打击。因为年轻的比邻星要比现在亮得多，比邻星 b 在它的早期阶段也会比现在热得多。这会导致温室效应的失控、海洋的蒸发，并且水蒸气会通过对流到达高层大气并被那里的紫外线所摧毁。

因此，如果比邻星 b 要成为一颗宜居星球，那么它需要出生在远离恒星的位置上。在这样的位置上，它会避开恒星那过于明亮的青春期，以及由此引发的温室效应的失控。[8] 形成在远离恒星的位置上也能允许它吸收足够的冰，从而成为一颗富水的星球。这意味着，它能够承受在紫外线的照射下失去一部分水，但仍然能保有一片海洋。等到它的恒星进入稳定、宁静的中年，它再迁移到它当前的轨道上。

我们已经看到了一颗恒星可以雕琢和破坏一颗行星的大气和海洋，并且影响它的宜居度。那么恒星还有别的方法来破坏行星吗？

第五章
死亡

一个恒星的寿命长短取决于它的质量。恒星的质量越小，寿命就越长。当恒星的生命走向终点之时会发生什么也取决于它的质量。质量最大的那些恒星（超过太阳质量的 8 倍）会以大规模的超新星爆炸来结束它们的一生，只会在中间留下一个密度极高的残留体。这可能是一颗中子星。

18 死亡的黑色斗篷

走在山里的时候，你会注意到一些凹地，有石头、水或者（特别是在苏格兰）羊粪堆积其中。大些的凹地可能足以容纳一些小湖，如冰川湖或山中小湖。如果你在山中随便选择一个地方，掷下一块石头，那么它很可能会一路滚落到下面的山谷之中。而把一块石头掷到这样一个凹地中，它只会滚到凹地的底部。

同样的规律也适用于我们的太阳系。在太阳系中随便选择一个地方，掷下一块石头，那么这块石头很可能会向着太阳跌落下去，就像滚落到山谷之中。在地球附近掷下一块石头，而它会向着地球跌落下去，就像滚落到凹地之中。这是因为在地球周围的太空中，地球的引力占据着优势。从太阳系的方面来看，这就像是一片小小的凹地，而在凹地之外则是以太阳为底部的巨大峡谷。

月球，处于地球引力强于太阳引力的区域之中。它就像一块石头，在一个巨大峡谷边的凹地中滚来滚去。如果月球离地球更远一些，它就像一块石头滚到了凹地的边缘。如果月球距离地球有 150 万公里远，而不是 38 万公里，那么它的轨道会变得不稳定，并且最终会远离地球而去，进入更为广大的太阳系之中。这就像把石头推向了凹地的边缘，让它一路滚落到山谷之中了。

这意味着，像山边的凹地一样，有一条窄窄的边缘把它和山谷隔开，距离地球 150 万公里的地方也是一条自然的边界。在这条边界之内，地球的引力强于太阳的引力。

本节所要介绍的行星 WASP-12b，就像我们之前遇到的一些行星一样，是一颗热木星，一颗公转轨道非常靠近它的母星的巨行星。WASP-12b 的质量比木星大 40%。它的公转轨道的半径大致相当于地日距离的 1/40。[1] 他环绕恒星一圈只需要比一天多一点的时间。而它所环绕的恒星的质量和温度都略大于太阳。WASP-12b 和它的恒星距离我们太阳系大约 1000 光年。

WASP-12b 是因为凌星现象而被发现的。当它遮蔽住它的恒星的一部分时，会引起这颗恒星的亮度周期性地变暗。通过分析恒星变暗的程度，天文学家可以计算出 WASP-12b 的半径，它体积巨大甚至因此而破碎。

对 WASP-12b 的观测表明，它像其他许多热木星一样是蓬松的。它的半径大约相当于木星的 2 倍，但是它的外层大气扩张到了木星半径的 3 倍大小。[2] 这颗行星巨大的体积造成了一个问题。因为它非常靠近它的母星，WASP-12b 的外层又距离这颗星球的中心非常遥远，导致外层大气所感受到的来自恒星的引力强于来自行星自身的引力。

WASP-12b，像就太阳系中的地球，有着它自己的小小凹地。在这凹地的边缘之外，是一个巨大的峡谷。而它的母星，就在这峡谷的底部。与其考虑那些凹地中的石块，倒不如把 WASP-12b 想象成凹地中的水。WASP-12b 的大气扩张得太远，像水一样，填满了它的引力凹地，并满溢了出来，这就像紧靠着一座大山的凹地中的湖泊。因为 WASP-12b 那过于巨大的体积，它的外层大气溢出了它那小小的引力凹地，其中的气体就如洪水般"流"进了恒星周围的太空。这意味着，随着它的母星的引力拉走它的外层气体，它很可能慢慢失去自身的质量。

因为 WASP-12b 非常接近于它的母星，它所形成的引力凹地并不是精确的球形，而是类似于泪滴的形状。这枚"泪滴"的尖角指向它的母星。大量的物质很可能通过泪滴中这个指向恒星的尖角，逃离 WASP-12b 的大气。这就像从赫尔维林山边的湖泊中流出的溪流。

在上一节中，我们遇到了比邻星 b 和它那活跃的母星。那颗恒星的磁场导致恒星大气（恒星所发出的大部分光都来自这里）中形成了温度更低的黑子，也在恒星弥散的外层大气中形成了高温气体的丝状蜷曲、打结。除了在巨大的磁爆发中被抛射出的巨量高温离子流和更多的紫外线之外，我们也能观察到恒星放射出特定波长的光线，这是极高温度的气化金属（如铁和镁）所放射的光线导致的。除了那些温度最高和最大的恒星之外，几乎所有的恒星都有一定的恒星活动，因此天文学家能检测到这些具有特定波长的光线。

©George Hodan

图 5-1 英格兰湖区的赫尔维林山边的一处凹地中的冰川湖

湖中的水从远端的小溪流向下方的峡谷。

　　在天文学家试图观测 WASP-12b 的母恒星活动时，发现了一些不同寻常的现象。他们发现，这颗恒星所放射出的这种具有特定波长的光线非常少。事实上，WASP-12b 的母星所放射的这种具有特定波长的光线，比人们迄今所观察到具有大致同等质量和温度的恒星所放射地都要少。所以，要么是这颗恒星的活动少得让人难以置信，要么就是有什么事情正在发生。

那么还有什么原因能导致这颗恒星放射出的特定波长的光线这么少呢？显然我们该去调查是什么让 WASP-12b 的恒星如此不同寻常：它正在夺去一颗巨大的行星的物质。这颗恒星正把 WASP-12b 的大气中的巨量气体拉向自己。这些物质并不是完全透明的，而且能吸收具有特定波长的光线。这些气体中包含着相同的气化金属。而正是这些气化金属导致恒星放射出特定波长的光线。不过，这些气体比恒星外层的温度更低，所以它能吸收这些特定波长的光线，这就掩盖了这颗恒星的活动所放射的任何光线。

WASP-12b，为它的母星披上了一件死亡的黑色斗篷，掩盖了这颗恒星的活动。也许发生在 WASP-12b 上的这个现象，也发生在其他运行在接近恒星的轨道上的行星上。WASP-12b 很可能具有足够的质量，尽管它在缓慢地失去它的很小一部分质量，但它仍然能够存在几十亿年。[3] 这要比它的母星的余生还要长。引力凹地更小的小型行星会失去更大比例的质量，这不仅是因为恒星风的冲击，也因为引力凹地的溢出效应。

WASP-12b 的故事并没有就此结束。回想一下潮汐力如何让 HAT-P-7b 渐渐接近它的母星，并同时开始让它的母星沿着这颗行星公转的方向进行自转。同样的过程也逐渐把 WASP-

12b 拉向它的母星。WASP–12b 现在的公转周期比人们刚刚发现它的时候短了大约 40 分钟，它很可能会在大约 300 万年后坠入它的母星，在燃烧中迎来终结。[4]

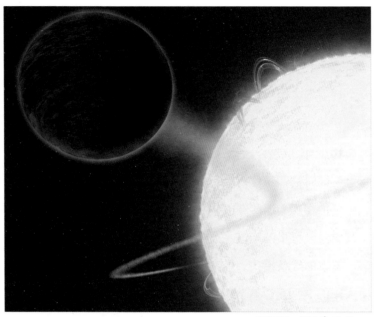

图 5–2 WASP–12b 的艺术概念图

从这颗行星上脱落的物质如一条溪流，汇入它的恒星之中。图中行星呈黑色是因为一项研究表明 WASP–12b 几乎不反射它的母星的光线。

在本节中，我们遇到了一颗恒星，它正在慢慢地杀死自己的行星。但是，在恒星自己死亡后，又会发生什么呢？

19 被撕碎的世界

　　1917 年，就在全世界都被拖进第一次世界大战那难熬的恐惧之中的时候，一位荷兰天文学家正在加利福尼亚进行着天文观测。他在观测那些在天空中移动速度较快的恒星，而他采集了其中一颗恒星的光谱。通过观察恒星大气中的原子在恒星光谱上留下的线条模式，他判断这颗恒星很可能是一颗温度稍高于太阳的 F 型星。直到 90 年后，人们才察觉到它的发现意义重大。[1]

　　我们目前已经围绕着恒星和行星的形成进行了大量的讨论。但是，就像它们的出生一样，恒星也会死亡。一个恒星的寿命长短取决于它的质量。大质量恒星拥有更多的氢作为核聚变燃料，但是它们燃烧的速度要比小质量恒星快得多。这意味着，恒星的质量越小，寿命就越长。

　　当恒星的生命走向终点之时会发生什么也取决于它的质

量。质量最大的那些恒星（超过太阳质量的 8 倍）会以大规模的超新星爆炸来结束它们的一生，只会在中间留下一个密度极高的残留体。这可能是一颗中子星。中子星是一种密度极高的天体，它的直径只相当于格拉斯哥或法兰克福这些中等城市的宽度，但质量甚至大于太阳，甚至可能是一个小型黑洞。像太阳这样的恒星在死亡时不会这么具有戏剧性，但仍然会产生壮观的景象。

像太阳这样的恒星的寿命长达几十亿年，缓慢地燃烧内核中的氢，并把其变成氦。在这期间，它们的大小、温度和亮度大致保持不变。恒星一旦快要烧光内核中所有的氢，它就会开始进化。氢聚变停止，失去了支持恒星的热源。恒星内核开始收缩，密度变大。唯一支撑恒星内核的是由电子活动所导致的一种奇怪的效应。在本书之前的篇章中，我们讨论过原子如何像一个阶梯圆形剧场，而其中的电子如何在不同的座位层次之间跃迁。好的，这个圆形剧场的容量是有限的。在原子中的所有电子不能都坐在靠近原子核的前排座位上，而每个能量层级只能坐得下特定数量的电子。电子也许都想坐在前排，但只有两个电子能够得到这样的机会。一个处于进化之中的恒星的内核要比单个原子的"圆形剧场模型"更复杂一些。与处于恒星大气中的电子不同的是，在恒星内核中的电子不再被约束在某一个"圆形剧场"内。但就像在原子中一样，在恒星内核中的电子可以呈现为许多不同的状态（就像在圆形剧场中的不同层级），而每个状态只能容纳两个电子。

在我们处于进化之中的恒星的内核中，为电子提供的空间是有限的。电子首先充满最低的能态。这就意味着一些电子被迫保持在更高的能态，而更高的能态意味着这些电子具有更高的动量。在微观层次下，压力就是粒子对物体的撞击。你现在所感到的气压就来自万亿乘以万亿的微小分子对你的皮肤的碰撞。粒子所具有的动量越大，压力就越大。在处于进化之中的恒星的内核，被迫处于更高能态的电子的动量所产生的压力被称为"简并压"。在大多数物理环境下，简并压要比分子撞击你的皮肤所产生的气压要小得多。但是，在进化之中的恒星的内核之中有着非常大的密度，在这种情况下，就获得了极大的简并压，从而可以延缓恒星内核的坍缩。

在恒星内核的外面，还留下了薄薄的一层氢。而在这个位置的高温会促进氢发生聚变反应。在这层之外，恒星的其他部分开始变得更加蓬松，而恒星开始变大。随着恒星体积的增加，恒星表面的温度开始降低。恒星就变成了一颗红巨星。

太阳的半径稍稍少于 70 万公里。这大约是地日距离的 2%。太阳一旦在 50 亿年后变成一颗红巨星，它的扩张程度将使它的大气层几乎可以到达地球轨道。太阳将会吞噬金星、水星，甚至最终吞掉地球。

恒星不会保持红巨星的状态，它会继续进化。随着恒星内核的缓慢坍缩，内核的温度也在持续上升。最终，恒星内核达到了足以点燃氦聚变的温度。氦很快在聚变中变成了氧和碳。一旦恒星内核中的氦也燃烧殆尽，就只剩下简并压支撑着恒星的内核。

在恒星的外层，燃烧着氢和氦的壳层产生了巨大的脉冲。这些脉冲传导到恒星的外层。在这里，就像狂风扫落叶一样，这些脉冲抓住了在温度较低的高层大气中形成的尘埃粒子。这些"狂风"变得非常猛烈，甚至促使恒星抛掉它的外层。这产生了壮观的环状结构，被称为"行星状星云"。这其实和行星毫无关系，但当它们初次被发现时，看上去就像人们所期待的正在物质盘中形成的行星一样。尽管不准确，但这个名称还是被沿用下来。

恒星一旦抛掉它的外层，其中心由碳和氧所组成的内核就残留了下来。这个被简并压所支撑的结构被称为"白矮星"。白矮星不具备核聚变的内部能量源，所以它只是因辐射形成过程中的残热而发亮。它保留了它母星的很大一部分质量，但仅仅由简并压所支撑着。它的原子被挤压得非常紧密。白矮星的体积相对于恒星来说很小，大约只有地球的大小。这意味着它们的密度很高：一茶匙的白矮星物质就会有一辆大货车那么重。

白矮星不仅是由碳和氧所组成，往往原本形成它们的恒星还会有一点氢和氦留下来。由于白矮星的质量极大和体积较小，所以它们具有非常强大的引力。这导致沉重的碳和氧沉到了白矮星的中心，而氦和氢形成了白矮星的外层。

研究白矮星光谱观测的天文学家把白矮星分成了几个类型。一些白矮星在它们的大气光谱中表现出氢的特征，而另一些则表现出氦的特征。但也有几颗白矮星的大气光谱表现出了反常的现象——表现出金属和重元素的特征。这很奇怪，因为这些元素应该很快沉到白矮星的中心，而不是悬浮在它们的大气中，从而在白矮星的光谱上留下它们的印记。

也许，这些白矮星是在穿过银河系的运行过程中被所遇到的物质污染了，但在恒星之间飘浮的金属的数量并不足以解释我们所观测到的这些受到污染的白矮星。正如科学研究中常常见到的情况，"这很奇怪"的阶段往往预示着某些非常非常有趣的事情。

现在，是时候介绍本节所要着重讲解的这颗白矮星了。GD 362 距离地球大约有 160 光年。像其他许多白矮星一样，它的光谱中表现出了金属污染的迹象。

白矮星往往温度极高。如 GD 362 的温度就达到了大约 10000℃。所以白矮星的辐射多数呈现为蓝光。在 2005 年，天文学家对 GD 362 进行了观测。当然，它们接收到了大量的蓝光。[2] 但是，他们意外地观测到了大量的红外线。对于这一现象的最合理的解释是这些红外线来自环绕 GD 362 的一个发光的尘埃盘。这个尘埃盘的温度大约是 600℃。

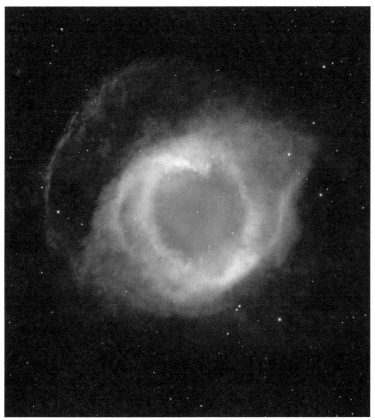

©NASA、ESA、C. R. O'Del、M. Meixner、P. McCullough 和 G. Bacon

图 5-3 曾被错误命名为行星状星云的螺旋星云

事实上，它是一颗在质量上相当于太阳的恒星在死亡后的遗迹。在恒星抛去它的外层之后，在中央只留下一颗被称为白矮星的死亡的小星体。

天文学家使用斯皮策太空望远镜采集了 GD 362 的红外线光谱，这个光谱表现出硅酸盐材料的迹象。[3] 硅酸盐则是构成类地行星和小行星的岩石的主要组成成分之一。

天文学家在 GD 362 的可见光光谱上更为细致地研究金属所留下的印记时，发现在它的大气中似乎有岩石成分。因此他们可以合理地假设，来自物质盘的岩质物质正使这颗白矮星受到金属的污染。那这个由岩质材料构成的物质盘又为什么会围绕着这颗白矮星呢？

太阳系看起来就像一个发条玩具，所有行星都在各自的轨道上围绕着太阳旋转。不过，在最初看上去的时候，它却是一个混乱得多的系统。有着强大引力的大型行星影响着像小行星这样的小型天体的运行。在火星和木星之间的小行星带上，太阳和木星的引力使小行星表现出以空隙和星带间隔分布的规律。在距离太阳 2.3 倍地日距离的位置上你会发现大量的小行星，而在 2.5 倍地日距离的地方，你却会发现什么都没有。这个空隙是因为木星的引力会使在 2.5 倍地日距离上围绕太阳旋转的任何天体的轨道都变得不稳定，一个处于这个空隙之中的小行星会很快被木星的引力推入另一个轨道。

在太阳进化为白矮星的最后一个阶段中，它会扔掉自己的外层。这会产生一个类似于螺旋星云的壮观的行星状星云，同时会带走大约一半的太阳质量，而剩下的白矮星会比现在的太阳的质量小得多。这意味着它的引力会变小。结果，围绕太阳的行星的轨道就会扩张。

在火星和木星之间的小行星带中的空隙和星带的位置，是由太阳和木星的引力平衡所决定的。太阳一旦变成了白矮星，它的引力就会变弱，那么这些星带和空隙的位置就会改变。一些小行星会突然发现自己处于空隙之中，因此它们的轨道会变得不稳定。它们也许会被推入另一个椭圆形的轨道，这个轨道会更接近太阳死亡后所形成的白矮星。

本节所要介绍的行星，很可能就遭受了这样的命运。这是一颗小行星，它环绕着一颗恒星旋转了几百万年。随后，这颗恒星变成了 GD 362 这颗白矮星。在这颗恒星死亡并变成白矮星后，这颗小行星被送入了一个椭圆形的轨道。这让它距离这颗白矮星非常近，而它朝向白矮星的一侧所感到的引力会比背向白矮星的一面所感到的引力强得多。在这两面之间的引力差非常大，从而把这颗小行星撕碎，让它变成了尘埃和石块。现在我们看到这颗小行星变成了环绕着一颗白矮星的物质盘，而几条暗淡的线条污染着白矮星的大气。

©NASA、ESA 和 G. Bacon

图 5-4 一颗小行星被类似于 GD362 的白矮星的强大引力撕碎的艺术概念图

小行星的物质在白矮星的周围形成了一个物质盘，其中的一些物质最终会污染这颗死亡的恒星的大气。

在本节开始时，我们讲述了一位天文学家在 1917 年为一颗恒星定级的故事。这颗恒星后来以这位天文学家的名字命名，被称为"范玛宁星"。但他把这颗恒星定义为 F 型星是不对的。当然，在这颗恒星的光谱上有着 F 型星应该具有的金属线，但它要比 F 型星暗得太多。事实上，它是人类所观测的第一颗受到金属污染的白矮星，一个被撕碎的行星的岩石正在纷纷落在这个天体之上。这很可能是人类对一个系外行星系统的首次观测证据，但人们用了 90 年才意识到这一点。

20 在死亡中诞生的钻石

　　天文学家所发现的这些环绕其他恒星旋转的世界是一个有趣的集合。其中一些世界很可能与我们所熟悉的地球颇为相似，而另一些则是非常奇特的异星世界。人们所发现的环绕类太阳恒星旋转的第一颗系外行星 51 Peg b 看起来就已经非常怪异了。但几年前，人们在一颗完全不同于太阳的恒星周围所发现的世界，可能是我们所知的最为离奇的异星世界。

　　在上一节中，我们遇到了一颗垂死的恒星。类太阳恒星会在它们一生中的大多数时间燃烧氢，然后慢慢地变成一颗红巨星。在它们生命的最后阶段，在变成白矮星之前，它们会形成由氦氢壳层所包裹的碳、氧星核的恒星结构。

　　那些大于太阳质量 8 倍的巨大恒星的死亡方式会有些许不同。质量更大的恒星不会让它们的进化止步于碳氧星核，它们会不断地引发不同元素的聚变。首先，它们产生硅，然后是镍

189

和铁。最后，这颗恒星的结构就像洋葱一样，最重的元素组成了恒星的内核，而包裹在外的一层层恒星结构依次由越来越轻的元素所组成。

这颗恒星现在推动着自己走向死亡的终结。铁在聚变反应中生成新元素，但不会释放能量，因此也无法提供阻止恒星坍缩所需的热量。这颗恒星的内核具有非常大的质量，甚至连电子的简并压（在每个能量层级只能"容纳"有限数量的电子的奇特效应）也无法阻止它的坍缩。星核坍缩产生的冲击波导致恒星在超新星爆炸中抛掉外层。在恒星正中残留下来的，要么是一颗中子星，要么就是一个黑洞。中子星是比白矮星的密度大几百万倍的天体。如果在阿姆斯特丹铺上5厘米厚的中子星物质，那么这些物质的质量将相当于地球的质量。

在第10节，我们遇到了一个坐在旋转的转椅上的学生。这个学生两臂平举，双手各拿着一本沉重的教科书。当他把两本书拉向自己的身体时，转椅旋转的速度变快了。同样的定理也适用于中子星。在超新星爆炸之前，恒星的内核会一直旋转。星核的坍缩把物质拉向它的中心，就像学生把两本书拉向自己的身体一样，恒星内核的坍缩加快了它的旋转速度，并且是极大地加快了它的旋转速度。一颗恒星也许会在几天内自转一圈，而一颗中子星会在一秒钟内就旋转好几圈。

中子星上是相当奇特的地方。顾名思义，它们基本上是被一种称为中子的粒子所构成的，并且被另一种简并压所支撑——中子简并压。中子星都很小，仅仅有大约10公里宽，却拥有恒星级的质量。这就是说，在中子星的表面有着非常强大的引力，这导致它的表面非常光滑。在中子星上的高山只会有几厘米高，否则就会因自己的重量而崩塌。中子星也具有强大的磁场。如果中子星之前的恒星具有磁场，那么在超新星爆炸后，中子星也会继承这一磁场。但是中子星要比它之前的恒星要小得多。它们不是大约3亿公里宽的巨恒星，而是密度极高的小球，其直径仅相当于一座中等规模城市的宽度。这意味着恒星的磁场会被挤压，直到它像紧致、紧绷、蜷曲的弹簧一样缠绕在中子星周围。

地球也有磁场。也正因为地球的磁场，罗盘可以指向北方，至少是不太偏离北方的方向。地球的磁场与它的自转轴并不是完全对齐的。地球旋转轴的北极位于北极点，而地球磁极的北极则会向白令海峡的方向偏离大约2.5度。

中子星的磁极也不是与它的自转轴完全对齐的。这在强大的磁场与自转的中子星之间形成了一种互动，从而导致中子星上的带电粒子向着磁极的方向快速移动。这些在磁场中东冲西撞的带电粒子会以无线电波的形式发射出去，最终这些电波离开中子星，进入太空之中。

随着中子星的旋转，地球上的观察者有时会看到一个指向他们的磁极,而有时则看不到,这导致地球上的观察者会观测到来自中子星的无线电波会以固定的间隔闪烁。由于这个原因,中子星也被人们称为脉冲星或宇宙灯塔,在一秒中之内把它们的"灯光"转向地球许多次。

脉冲星的特征是有着固定间隔的信号。使用位于波多黎各的当时世界上最大的射电望远镜,天文学家注意到一颗被称为PSR B1257+12的脉冲星表现出了奇怪的现象。[1]它的脉冲信号有时会到达得提前一点,有时却又会迟到一点。它们有时候会在几周的时间里,越来越提前于正常的时间,然后提前量逐渐减少,最后落后于正常的时间。那么,是什么导致了这颗脉冲星的信号的紊乱呢?

天文学家使用视向速度法,发现了环绕类太阳恒星的第一颗系外行星。视向速度法所基于的事实是,在行星系统中的天体所环绕的,并不是中间的恒星,而是被称为质心的平衡点。恒星也是如此,它在一个小小的轨道上绕质点旋转。当我们在地球上观察时,我们会看到这颗恒星在远离我们,然后又向我们移来,这样循环往复。

如果在PSR B1257+12的周围存在着一颗行星,那么这颗脉冲星会围绕着脉冲星—行星系统的质心旋转,这就像我们之前说过的,你与坐在跷跷板上的犀牛之间的那个平衡点。首先,它会趋近在地球上的观察者,然后再远离他们。当它趋近时它所发出的每个脉冲信号到达地球所需传输的距离更短，因此会比正常时间提前一点。当它远离的时候，它所发出的每个脉冲信号也就到达得越来越晚。先是提前于正常时间，然后恢复到正常时间，再落后于正常时间——这正是我们在 PSR B1257+12的运行中所观察到的现象。

通过研究 PSR B1257+12 的脉冲信号在到达时间上的改变，天文学家在 1992 年计算出在这颗脉冲星周围有两颗行星。这两颗行星的质量大约相当于地球质量的 4 倍。它们的公转轨道周期分别为 66 天和 98 天。注意发现这两颗行星的时间，这是人类所发现的第一批被确认的系外行星，比 51 Peg b 的发现时间早了 3 年。1994 年，通过对观测数据的进一步分析，人们又发现了第三颗行星。这颗行星的质量很小，只比我们的月球大一点。它的公转轨道周期是 25 天。[2] 这个世界，PSR B1257+12 b 迄今仍然保持着人类发现的最小质量的系外行星的记录。

那么这 3 颗行星为什么会围绕着一颗脉冲星呢？人们一开始以为，它们原本是在围绕着那颗在爆炸中形成中子星的恒星旋转。不幸的是，超新星爆炸不仅会让恒星粉身碎骨，也会炸飞原本环绕在恒星周围的任何行星。要想解开这个脉冲星的行星之谜，天文学家需要把 3 个要素拼合在一起。[3]

首先，如果这些行星是形成在脉冲星周围的轨道上，那么你需要在脉冲星附近得到足以形成行星的物质。

图 5-5 蟹状星云

蟹状星云产生在公元1054年一次明亮的超新星爆发,当时中国、印度、阿拉伯和日本天文学家都记录了这一天文现象。在它的中心有着一颗类似于 PSR B1257+12 的小小的、自转的中子星。

其次,PSR B1257+12 是一种特殊的脉冲星。在脉冲星的磁极附近发射无线电波的过程会带走脉冲星的能量。这会减慢脉冲星自转的速度,减弱它与磁场之间的互动,切断对脉冲星两极的能量供应。最终，在大约 1000 万年以后，这颗脉冲星会停止发射无线脉冲。这个时间框架小于银河系寿命的 1%，意味着在银河系中存在着一个巨大的脉冲星墓园，埋葬着那些不再能够像宇宙灯塔一样发射脉冲信号的死亡的脉冲星。不过，脉冲星也有机会起死回生。如果有一颗恒星或白矮星在围绕着脉冲星旋转，那么脉冲星就可以吸收它的伴星上的物质。这就像不断把教科书掷给坐在转椅中的学生。他们所接住的每一本书都会增加他们的动量，加快他们的旋转。脉冲星就这样起死回生了——它吞噬来自伴星的物质。这增加了脉冲星的动量，并加快了脉冲星旋转的速度，使它活转过来，甚至让它旋转得比刚出生时还要快。PSR B1257+12 就是这样一颗从坟墓中爬出来的脉冲星，所以任何用于解释它周围的行星形成原因的模型都需要考虑到这个起死回生的过程。

最后，分布在脉冲星周围的行星是相当罕见的。像这样拥有行星的奇怪的恒星残体也许不到脉冲星总数的 1%。因此，任何模型都需要解释为什么我们没有看到每个脉冲星都拥有行星。天文学家已经提出了一些解释，但这些解释都没能通过这三道测试。

在银河系中漫游的脉冲星，有时候会以极近的距离掠过另一颗恒星。这样的事件很罕见，所以这满足了非常罕见的条件，脉冲星会捕获所遭遇的恒星周围的行星，这解释了脉冲星周围的行星是如何形成的。问题来自最后一个碎片。脉冲星会沉到恒星的中央，并从内部开始"吃"掉这颗恒星，最终导致恒星的崩溃，只留下脉冲星和周围的行星。在脉冲星从内部"吃"掉恒星的时候，它会稍稍加快它自转的速度，但它不太可能加速到 PSR B1257+12 旋转的速度。

　　另一种可能性是来自超新星爆炸的物质会落回来，并在脉冲星周围形成一个物质盘。在这个物质盘中可以形成新的行星。不过，回到脉冲星周围的物质可能并不足以形成我们在 PSR B1257+12 周围看到的 3 颗行星。

©NASA/JPL-Caltech

图 5-6 环绕脉冲星 PSR B1257+12 的艺术概念图

随着脉冲星的自转，明亮的锥形光束以反方向延伸开去，向宇宙中发出有规律的闪烁。

天文学家所提出的最合理的解释，关系到最近几年的一个重大天文发现——引力波。任何环绕着另一个天体旋转的天体都会发出引力波。引力波带走天体的能量，并且使天体以螺旋形路线相互趋近。引力波的作用很微弱：在最近大约 40 亿年的时间里，引力波的放射仅仅让地球与太阳之间的距离近了区区 2 毫米所涉及的天体越大，引力波的作用就越强。同时，天体之间的距离越近，引力波的作用就越大。

近几年，天文学家已经观测到了来自相互环绕运行的双中子星（或双黑洞）系统的引力波爆发。这些成对的重量级天体因引力波而失去了大量的能量，最终以螺旋形路线相互趋近、碰撞、合并。

也许形成了 PSR B1257+12 的那颗恒星，具有另一颗小质量的伴星。经过一段时间后，这颗伴星也死去了。但由于它的质量较小，它在死亡后变成了一颗白矮星。随着时间推移，这颗白矮星和 PSR B1257+12 会因引力波而失去能量，并以螺旋形路径相互趋近。这两个天体并没有合并，白矮星一旦过于靠近 PSR B1257+12，它接近这颗中子星的一侧所受到的引力将比另一侧大得多。这个引力差将把这颗白矮星撕成碎片，就像在上一节中的 GD 362 撕碎小行星一样。

来自解体的白矮星的物质将在 PSR B1257+12 附近形成一个巨大的物质盘。这些物质中的一部分将落在 PSR B1257+12

上，加快它的旋转速度，并点燃这颗宇宙灯塔的提灯。而另一部分物质则会形成行星，这类似于在 HL Tau 周围的物质盘中形成行星的过程。构成这些行星的物质都来自这颗被摧毁的白矮星。由于构成白矮星的大部分物质是碳，所以这些行星将拥有结晶化的碳质星核。这意味着在 PSR B1257+12 周围的行星会是 10 万亿兆克拉的巨大钻石。[4]

这个过程能为脉冲星提供足够的物质，既可以形成行星，也可以加快脉冲星的旋转速度，让它起死回生。只有极少数的脉冲星拥有邻近的白矮星作为伴星，这就意味着这种解释也满足了罕见性的条件。

人类发现的首批经过确认的系外行星，迄今可能仍然是我们曾经遇到过的最为离奇的世界：环绕着一颗僵尸脉冲星运行的数颗巨大钻石。在未来，我们也许会发现更为熟悉的行星，但也有可能更为离奇。

后记：更多的世界

我们已经遇到了 20 个奇特的世界——从环绕其他恒星的最为离奇的世界，到更像我们地球的世界。我们看到了正在形成的神秘世界，看到了可能孕育生命的世界，也看到了垂死的世界。

发现这些世界的望远镜，有远摄镜头，有世界上最大的射电望远镜之一，有专门建造的太空望远镜，也有为了研究系外行星而经过改造的老式望远镜。

在接下来的 10 年中，我们会看到旨在发现和研究系外行星的几个重大项目。在这些项目中，有一些所使用的是为了实现这些目标而专门设计的设备，也有一些会使用新型通用望远镜上的先进设备。

2018 年 4 月，人们发射了凌星系外行星巡天卫星（TESS，Transiting Exoplanet Survey Satellite）。NASA 的这个太空任务是为了在全天范围内扫描在最亮的恒星周围进行凌星的系外行星。开普勒太空望远镜已经发现了许多围绕着相对较暗的恒星运行的系外行星。这些行星的母星亮度较低使天文学家难以（或者不可能）通过视向速度观测来确定这些行星的质量，或者通过凌星光谱分析法来确定它们的大气成分。TESS 用于发现那些围绕着亮星运行的，数以百计的潜在的岩质行星，与开普勒太空望远镜所发现的那些较暗的恒星周围的行星相比，天文学家更易于确定这些行星的种种特性。TESS 会发现数以千计的系外行星，包括那些环绕亮星的气态或冰态巨行星，以及那些环绕着较暗的恒星运行的行星。TESS 会发现大约 10 个处于其他恒星的宜居带中的潜在的岩质世界。TESS 逐个天区地扫描天空，并在每个天区中寻找行星，然后再换到下一个区域。对于每个天区，TESS 往往只连续观察 4 个星期。因此，TESS 所发现的大多数行星的轨道周期都很短。这意味着它所发现的所有处于宜居带中的行星的恒星都会是比邻星或 TRAPPIST-1 这样的红矮星。因为这些恒星与它们的宜居带的距离较近。[1] 到 2020 年 1 月 31 日，TESS 已经扫描了整个天空的 3/4，并发现了 38 颗行星，以及 1.660 个等待确认的行星候选体。[2] 这其中包括距离地球仅 35 光年的一颗红矮星周围的 3 颗很可能为岩质星体的小型行星；[3] 距离地球 23 光年之外的 3 颗红矮星所组成的一个多星系统中的一个很可能为岩质的小型行星；[4] 以及一个诞生仅仅 4500 万年的年轻移动星群中的一颗恒星周围的一颗气态巨行星。[5]

　　另一个专用于发现系外行星的太空任务是"行星凌星与星震探测器"，也被称为"柏拉图探测器"（PLATO，Planetary Transits and Oscillations of Stars）。这是欧洲空间局的任务，并将于 21 世纪 20 年代中期进行发射。柏拉图探测器将由装载于一个航天器上的 26 个小型望远镜组成的阵列构成。[6] 这会让柏拉图探测器所能观测到的天区比开普勒太空望远镜要广阔得多。柏拉图探测器的每次观测将覆盖天空的 5%，而开普勒太空望远镜的视野只有这个区域的 1/20。更广阔的视野使柏拉图探测器所能同时观测的亮星要多得多。与开普勒太空望远镜所发现的典型行星相比，在这些亮星周围发现的任何行星，就像 TESS 在亮星周围发现的行星一样，在确定行星的各项特性上要容易得多。柏拉图探测器在对同一片天空的持续观测时间也要比 TESS 更长。这意味着，与 TESS 相比，它能够发现轨道周期更长的行星，因此，它能够发现在类太阳恒星的宜居带中的岩质行星。这些世界会更少地受到像比邻星 b 那样恶劣的恒星环境的影响。随着时间推移，柏拉图探测器会改变观测的天区。在它为期 4 年的任务周期中，它将扫描全天范围的大约 1/10 到 1/2，这取决于它所选择的巡天策略。

　　柏拉图探测器和 TESS 任务会发现很多异星世界。它们都能够增加在我们所知的其他恒星的宜居带中的岩质行星的数量。这意味着，天文学家将能够更准确地计算类地行星的存在率。他们会告诉我们，在银河系中有多少颗行星有着与我们地球差不多的大小。但是，他们无法告诉我们，这些行星上是否存在着适宜生命的大气。

天文学家需要确定这些新发现的世界的各项特性。这颗行星的质量是多大？它是岩质的吗？它有大气吗？

目前，有两项用于研究系外行星特性的太空任务完成了规划或在近期进行了发射。其中之一是"系外行星特性探测卫星"（CHEOPS，Characterising Exoplanet Satellite）。这个在近期完成发射的由瑞士主导的欧洲太空任务，其目的是通过精确的观测系外行星的凌星深度，从而极为准确地计算出它们的半径。这些观测可以改进天文学家在地面对这些行星大小的估算。另一个项目是"系外行星大气遥感大型红外巡天望远镜"（ARIEL，Atmospheric Remotesensing Infrared Exoplanet Largesurvey）。这是欧洲空间局计划在 2028 年发射的太空任务，这个任务将通过凌星光谱分析法来分析像柏拉图探测器或 TESS 所发现的行星的大气。

韦布空间望远镜（JWST，James Webb Space Telescope）已在 2021 年发射。JWST 是由 NASA 主导，欧洲与加拿大参与的一项太空任务。它的多用途观测设备能够研究行星各方面的特性，无论它们是来自我们的太阳系，还是来自最遥远的星系。它的观测设备也允许天文学家使用凌星光谱分析法来研究行星的大气。

JWST 也能够直接拍摄系外行星的图像。因为处于大气之外，所以 JWST 的观测不需要像在地面上那样为了消除大气模糊效应而进行数不清的复杂校正，它只需要使用一种被称为"星冕仪"的圆形装置遮蔽来自行星的母星的光线。JWST 所直接观测的世界不会是像地球这样的岩质行星，但它能够为比气态巨行星更小质量的行星拍摄图像，而这是当前在地基天文台无法做到的。

NASA 正在计划的"大视场红外巡天望远镜"（WFIRST, Wide Field Infrared Survey Telescope）任务也将装备星冕仪，因此也能够直接拍摄行星的图像。NASA 也计划让 WFIRST 进行微引力透镜探测。行星的引力能导致后景恒星光线的折曲，而WFIRST 将通过观测微引力透镜所引起星光的短暂闪烁，从而检测到行星的存在。与其他行星检测技术相比，微引力透镜法更易于检测到在距恒星较远的轨道上运行的小型行星。

另一个有助于行星发现的通用空间观测设备也已经发射升空了。欧洲的盖亚天文卫星（Gaia Astrometry Satellite）正在精确地观测数以 10 亿计的恒星的位置，这让它能够以一种我们未曾见过的方式发现最近范围内的恒星周围的行星。视向速度法通过观测恒星在其行星的引力影响下在极小的轨道中趋近和远离地球的运动，进而发现行星。盖亚卫星能够极为精确地观测恒星的位置，从而可以检测到这个运动的其余部分，也就是恒星的左右移动。对于检测在距恒星相当远的轨道上运行的大型行星，这种观测具有相当大的优势。

最后，地面上最大的玻璃镜面。望远镜技术已经先进到能够制造几十米宽的巨大镜面。现在有 3 个大型地基望远镜，要么处于规划之中，要么已经开工建设。欧洲南方天文台的甚大望远镜（Very Large Telescope）和巨麦哲伦望远镜（Giant Magellan Telescope）将负责南半球的观测，而三十米望远镜（Thirty Metre Telescope）将负责北半球的观测。

这些望远镜将配备更为精确的新型设备和更好的自适应光学系统。这意味着它们能够更为精确地观测视向速度，因此能够发现更小的行星，并对 TESS 和柏拉图探测器所发现的行星进行质量极高的质量测算。新式的自适应光学系统将进一步提高对大气模糊效应的校正，让这些望远镜能够直接拍摄到那些更靠近其母星的行星，或者取得更小、更暗的行星的图像。

无论是这些太空任务，还是大型地基望远镜，都将发现更多的异星世界，并且向我们讲述它们的故事。我们将更好地估算在不同类型的恒星的宜居带中存在着多少颗岩质行星；我们也将更了解其他的行星系统会是什么样子。通过凌星法所发现的许多系统中都只有一颗行星。是这些恒星只拥有一颗行星，还是在距离恒星更远的轨道上还有着我们尚未发现的行星？我们是否会发现一个类似于我们太阳系，拥有着多颗类地行星、气态巨行星和冰态巨行星的行星系统？

我们也将更了解每一颗行星本身。我们将更了解热木星的大气，更了解岩质行星是否拥有类似地球的大气，甚至更了解行星是否表现出了生命所产生的化学物质的迹象。就是这样，在不到 30 年的时间里，天文学家已经从对系外行星的一无所知到知道了上千颗系外行星。寻找系外行星，从一个相对冷门的活动，成为所有科学研究中最活跃的领域之一。

有一件事是肯定的，我在这里所展望的未来是不完整的。主要有两个原因：其一，科学是一个创新的过程。天文学家总能想到一些巧妙的新方法，来使用那些新式或老式的望远镜；其二，宇宙总会带给我们惊喜。尽管我们还没有发现那些极为类似太阳系的行星系统，但是我们已经发现了许许多多离奇的、令人惊叹的异星世界。这些世界的数量已经大大超过了我们在 25 年前所能想象的。从第一颗系外行星的发现起，我们对于宇宙的许多预期都受到了挑战，我们一次又一次对于宇宙的许多假设都被证明是错误的，未来还会推翻我们目前的许多假设和成见。

在太阳系之外，还有着更多的异星世界。它们的种类之丰富、故事之神奇，已经超越了我们此刻的理解。

附录：20个世界参数一览

下表中列出了本书所介绍的20个系外行星世界，同时也列出了与这20颗行星处于同一颗行星系统中的其他行星。我们还列出了太阳以及太阳系中的行星，以供比较。行星的半径和质量这两个参数，书中列出了按地球比例计算的值。行星与其母星的距离是以天文单位（AU）来计算的。地球与太阳的平均距离为1 AU。表中所列出的一些参数具有相当大的不确定性，一些数据是根据对行星的母星的大量假设所估算的。但是它们能让你对每颗行星的轨道类型和物理特性产生一个直观的概览。

名称	轨道周期（天）	与母星的距离（AU）	质量（地球质量）	半径（地球半径）	构成或类型	母星	母星类型	发现时间
太阳	—	—	333000	109	恒星	—	—	—
水星	88.0	0.387	0.06	0.38	岩质行星	太阳	黄矮星	—
金星	225	0.723	0.82	0.95	岩质行星	太阳	黄矮星	—
地球	365	1.00	1.00	1.00	岩质行星	太阳	黄矮星	—
火星	687	1.52	0.11	0.53	岩质行星	太阳	黄矮星	—

（续表）

木星	4333	5.20	318	11.2	气态巨行星	太阳	黄矮星	—
土星	10759	9.58	95.2	9.45	气态巨行星	太阳	黄矮星	—
天王星	30685	19.2	14.5	4.01	冰态巨行星	太阳	黄矮星	1781 年
海王星	60189	30.0	17.2	3.88	冰态巨行星	太阳	黄矮星	1846 年
第一章　陌生的世界								
51 Peg b	4.23	0.052	>146	21.3	气态巨行星	51 Peg	黄矮星	1995 年 [1]
HD 209458b	3.52	0.047	219	15.5	气态巨行星	HD 209458	黄矮星	2000 年 [2]
HD 189733b	2.22	0.031	363	12.7	气态巨行星	HD 189733	橙矮星	2005 年 [3]
WASP-19b	0.79	0.016	354	15.6	气态巨行星	WASP-19	黄矮星	2010 年 [4]
HAT-P-7b	2.20	0.038	554	16.0	气态巨行星	HAT-P-7	白黄矮星	2008 年 [5]
第二章　向地球								
OGLE-2005-390L b	3500	2.1	5.41	—	超级地球	OGLE-2005-390L	红矮星	2006 年 [6]
开普勒-9b	19.2	0.14	43.5	8.20	气态巨行星	开普勒-9	黄矮星	2010 年 [7]
开普勒-9c	39.0	0.23	29.9	8.29	气态巨行星	开普勒-9	黄矮星	2010 年
开普勒-9d	1.590	0.027	5.25	2.00	可能超级地球	开普勒-9	黄矮星	2010 年
开普勒-36b	13.8	0.12	4.46	1.479	超级地球可能是岩质行星	开普勒-36	黄亚巨星	2012 年 [8]
开普勒-36c	16.2	0.13	8.08	3.68	冰态巨行星	开普勒-36	黄亚巨星	2012 年
开普勒-10b	0.837	0.017	3.33	1.468	岩质行星	开普勒-10	黄矮星	2011 年 [9]
开普勒-10c	45.3	0.24	7.37[10]	2.349	可能水世界	开普勒-10	黄矮星	2011 年 [11]
第三章　诞生								
很可能为 HL Tau 附近的行星胚胎	—	—	—	—	很可能为形成过程中的气态巨行星	HL Tau	非常年轻的大质量恒星	—

207

（续表）

beta Pic b	8200	9.7	4040	18.2	气态巨行星	beta Pic	年轻的大质量恒星	2009 年 [12]
HR 8799 b	164000	68	2226	13.4	气态巨行星	HR 8799	年轻的大质量恒星	2008 年 [13]
HR 8799 c	82100	43	2639	14.6	气态巨行星	HR 8799	年轻的大质量恒星	2008 年
HR 8799 d	41100	27	2639	13.4	气态巨行星	HR 8799	年轻的大质量恒星	2008 年
HR 8799 e	18000	16	2925	13.1	气态巨行星	HR 8799	年轻的大质量恒星	2008 年
PSO J318.5–22	—	—	2703[14]	—	气态巨行星	—	—	2013 年 [15]
WISE 0855–0714	—	—	1908	—	气态巨行星	—	—	2014 年 [16]
第四章 生命								
TRAPPIST–1b	1.511	0.012	1.017	1.127	很可能是岩质行星可能具有水态包层	TRAPPIST–1	红矮星	2016 年 [17]
TRAPPIST–1c	2.422	0.016	1.156	1.100	岩质行星	TRAPPIST–1	红矮星	2016 年
TRAPPIST–1d	4.05	0.022	0.297	0.788	未确定但可能为岩质行星	TRAPPIST–1	红矮星	2016 年
TRAPPIST–1e	6.100	0.029	0.772	0.915	未确定但可能为岩质行星	TRAPPIST–1	红矮星	2017 年 [18]
TRAPPIST–1f	9.206	0.038	0.934	1.052	很可能是具有冰壳的岩质行星	TRAPPIST–1	红矮星	2017 年
TRAPPIST–1g	12.35	0.047	1.148	1.154	很可能是具有冰壳的岩质行星	TRAPPIST–1	红矮星	2017 年
TRAPPIST–1h	18.77	0.062	0.331	0.777	很可能是具有冰壳的岩质行星	TRAPPIST–1	红矮星	2017 年

（续表）

Proxima b	11.19	0.049	>1.3	—	可能为岩质行星	Proxima	红矮星	2016 年 [19]
第五章 死亡								
WASP-12b	1.091	0.023	467	21.28	气态巨行星	wasp-12	黄矮星	2009 年 [20]
假设被 GD 362 撕碎的小行星	—	—	—	—	破碎的岩质小行星	—	白矮星	
PSR B1257+12 b	25.3	0.19	0.02	—	很可能为晶体化的碳	PSR B1257+12	脉冲星	1994 年 [21]
PSR B1257+12 c	66.5	0.36	4.134	—	很可能为晶体化的碳	PSR B1257+12	脉冲星	1992 年 [22]
PSR B1257+12 d	98.2	0.46	3.816	—	很可能为晶体化的碳	PSR B1257+12	脉冲星	1992 年

注：太阳系的所有数据来自 NASA 戈达德月球与行星科学网（Goddard Lunar and Planetary Science）。[23] 除非另有说明，系外行星的数据摘自《系外行星百科全书》（Extrasolar Planet Encyclopedia）。[24] 例外的是 TRAPPIST-1 的行星的数据出自另外两个来源。[25] 表中的发现日期为论文的发表日期。注意，这意味着 HD 209458b 的发现日期是天文学家第一次发现它的凌星现象的一年后。表中的恒星类型所列出的是恒星的颜色（因此也说明了恒星的温度）和大小。行星的构成和类型是基于当前对任何特定天体的可能构成形式的最佳猜想。对假设的 HL Tau 的行星和被 GD 362 撕碎的小行星没有提供任何数据。

致谢

感谢编辑吉姆·吉奇（Jim Geach）；感谢薇拉·施莱希（Vera Schleich）在我撰写本书的过程中给予的支持和耐心；感谢埃玛·里格比（Emma Rigby）和贝丝·比勒（Beth Biller）对书稿提出的宝贵建议；感谢卢德米拉·卡罗内（Ludmila Carone）关于系外行星大气的有益讨论；感谢本书图片素材的提供者；最后感谢你们，无数的天文学家，本书的内容都是基于你们的论文和科学讨论。而本书中任何疏漏之处，都应归咎于作者本人。

参考文献

关于本书主题的扩展阅读，可参阅迈克尔·佩里曼（Michael Perryman）的《系外行星手册（第 2 版）》（*The Exoplanet Handbook*，剑桥，2018）和伊丽莎白·塔斯克（Elizabeth Tasker）的《行星工厂》（*The Planet Factory*，伦敦，2019）。

序：太阳系行星家族

1　S. B. Gaudi et al., 'A Giant Planet Undergoing Extreme-ultraviolet Irradiation by its Hot Massive-star Host', *Nature,* 546 (2017), pp. 514–18.

2　Wayne Horowitz and Alexandra Horowitz, *Mesopotamian Cosmic Geography* (University Park, PA, 1998), p. 153.

3　'Planet', *Lexico*, www.lexico.com, accessed 30 September 2019.

4　Louis Strous, 'Who Discovered that the Sun was a Star?', Stanford Solar Center, http://solar-center.stanford.edu, accessed 29 March 2019.

5　Joseph Needham and Wang Ling, *Science and Civilisation in China*, vol. III: *Mathematics and the Sciences of the Heavens and Earth* (Cambridge, 1959), p. 227.

6　Jonathan J. Fortney, 'Looking into the Giant Planets', *Science*, 305 (2004), pp. 1414–15.

7　Marius Millot et al., 'Experimental Evidence for Superionic Water Ice Using Shock Compression', *Nature Physics*, XIV (2018), pp. 297–302.

8　'"The Taking of Christ" by Michelangelo Merisi da Caravaggio', www.nationalgallery.ie, accessed 29 March 2019.

9　'A 19th-century Vision of the Year 2000', https://publicdomainreview.org, accessed 29 March 2019.

第一章　陌生的世界

1. 预期之外的世界

1　Michel Mayor and Didier Queloz, 'A Jupiter-mass Companion to a Solar-type Star', *Nature*, 378 (1995), pp. 355–9.

2　A. Baranne et al., 'ELODIE: A Spectrograph for Accurate Radial Velocity Measurements', *Astronomy and Astrophysics Supplement*, 119 (1996), pp. 373–90.

2. 遮掩恒星的世界

1　J. Wang and E. B. Ford, 'On the Eccentricity Distribution of Short-period Single-planet Systems', *Monthly Notices of the Royal Astronomical Society*, CDXVIII/3 (2011), pp. 1822–33.

2　D. Charbonneau et al., 'Detection of Planetary Transits Across a Sun-like Star', *Astrophysical Journal*, DXXIX/1 (2000), pp. L45–L48. There is also an independent discovery of the transit in G. W. Henry et al., 'A Transiting "51 Peg-like" Planet', *Astrophysical Journal*, DXXIX/1 (2000), pp. L41–L44.

3　J. Southworth, 'Homogeneous Studies of Transiting Extrasolar Planets, III: Additional Planets and Stellar Models', *Monthly Notices of the Royal Astronomical Society*, CDVIII/3 (2010), pp. 1689–713.

4　K. Batygin and D. J. Stevenson, 'Inflating Hot Jupiters with Ohmic Dissipation', *Astrophysical Journal Letters*, DCCXIV/2 (2010), pp. L238–L243.

3. 狂暴的世界

1　François Bouchy et al., 'ELODIE Metallicity-biased Search for Transiting Hot Jupiters, II: A Very Hot Jupiter Transiting the Bright K Star HD 189733', *Astronomy and Astrophysics*, CDXLIV/1 (2005), pp. L15–L19.

2　Heather A. Knutson et al., 'A Map of the Day–Night Contrast of the Extrasolar Planet HD 189733b', *Nature*, 447 (2007), pp. 183–6.

3　Heather A. Knutson et al., 'Multiwavelength Constraints on the Day–Night Circulation Patterns of HD 189733b', *Astrophysical Journal*, DCXC/1 (2009), pp. 822–36.

4　Adam P. Showman and Lorenzo M. Polvani, 'Equatorial Superrotation on Tidally Locked Exoplanets', *Astrophysical Journal*, DCCXXXVIII/1 (2011), id. 71.

4. 大气的微光

1 L. Hebb et al., 'WASP-19b: The Shortest Period Transiting Exoplanet Yet Discovered', *Astrophysical Journal*, DCCVIII/1 (2010), pp. 224–31.

2 L. Mancini et al., 'Physical Properties, Transmission and Emission Spectra of the WASP-19 Planetary System from Multi-colour Photometry', *Monthly Notices of the Royal Astronomical Society*, CDXXXVI/1 (2013), pp. 2–18.

3 Paul Sutherland, 'Three New Planets, Thanks to eBay', www. skymania.com, 1 November 2007.

4 A. M. Mandell et al., 'Exoplanet Transit Spectroscopy Using WFC3: WASP-12 b, WASP-17 b, and WASP-19 b', *Astrophysical Journal*, DCCLXXIX/2 (2013), id. 128.

5 E. Sedaghati et al., 'Detection of Titanium Oxide in the Atmosphere of a Hot Jupiter', *Nature*, 549 (2017), pp. 238–41.

6 N. Espinoza et al., 'ACCESS: a Featureless Optical Transmission Spectrum for WASP-19b from Magellan/IMACS', *Monthly Notices of the Royal Astronomical Society*, CDLXXXII/2 (2019), pp. 2065–87.

5. 逆向的世界

1 W. Somerset Maugham, *The Summing Up* (London, 1938), p. 235.

2 Stefan Coerts, 'Iniesta: There is No Such Thing as the Perfect Player', www.goal.com, 21 December 2012.

3 H. Kragh, 'The Source of Solar Energy, ca. 1840–1910: From Meteoric Hypothesis to Radioactive Speculations', *European Physical Journal H*, XLI/4 (2016), id. 394.

4 A. Pál et al., 'HAT-P-7b: An Extremely Hot Massive Planet Transiting a Bright Star in the Kepler Field', *Astrophysical Journal*, 680 (2008), pp. 1450–56.

5 O. Benomar et al., 'Determination of Three-dimensional Spin-orbit Angle with Joint Analysis of Asteroseismology, Transit Lightcurve, and the Rossiter-McLaughlin Effect: Cases of HAT-P-7 and Kepler-25', *Publications of the Astronomical Society of Japan*, LXVI/5 (2014), id. 9421.

6 J. N. Winn et al., 'Hot Stars with Hot Jupiters Have High Obliquities', *Astrophysical Journal Letters*, DCCXVIII/2 (2010), pp. L145–L149; A.H.M.J. Triaud,'The Rossiter-McLaughlin Effect in Exoplanet Research', in *Handbook of Exoplanets*, ed. Hans J. Deeg and Juan Antonio Belmonte (Cham, 2018), id. 2.

7 R. I. Dawson, 'On the Tidal Origin of Hot Jupiter Stellar Obliquity Trends', *Astrophysical Journal Letters*, DCCXC/2 (2014), id. L31.

第二章　向地球

6. 黑暗中的火花

1 Judith Ann Schiff, 'The Frisbee Files', *Yale Alumni Magazine* (May/June 2007).
2 Malcolm Longair, 'Bending Space–Time: A Commentary on Dyson, Eddington and Davidson (1920) "A Determination of the Deflection of Light by the Sun's Gravitational Field"', *Philosophical Transactions of the Royal Society A*, CCCLXXIII/2039 (2015).
3 J.-P. Beaulieu et al., 'Discovery of a Cool Planet of 5.5 Earth Masses through Gravitational Microlensing', *Nature*, 439 (2006), pp. 437–40.

7. 时间错乱的世界

1 Ulinka Rublack, 'The Astronomer and the Witch – How Kepler Saved his Mother from the Stake', www.cam.ac.uk, 22 October 2015.
2 Simon Winder, *Danubia: A Personal History of Habsburg Europe* (New York, 2014), p. 129.
3 M. J. Holman et al., 'Kepler-9: A System of Multiple Planets Transiting a Sun-like Star, Confirmed by Timing Variations', *Science*, 330 (2010), p. 51.
4 For an excellent analysis rejecting various blend scenarios for Kepler-9b, see G. Torres et al., 'Modeling Kepler Transit Light Curves as False Positives: Rejection of Blend Scenarios for Kepler-9, and Validation of Kepler-9 d, A Super-earth-size Planet in a Multiple System', *Astrophysical Journal*, 727 (2011), id. 24.

8. 截然相反的兄弟

1 J. A. Carter et al., 'Kepler-36: A Pair of Planets with Neighboring Orbits and Dissimilar Densities', *Science*, 327 (2012), p. 556.
2 Ibid.

3 Ibid.
4 E. D. Lopez and J. J. Fortney, 'The Role of Core Mass in Controlling Evaporation: The Kepler Radius Distribution and the Kepler-36 Density Dichotomy', *Astrophysical Journal*, 776 (2013), id. 2.
5 B. J. Fulton et al., 'The California Kepler Survey. III. A Gap in the Radius Distribution of Small Planets', *Astronomical Journal*, CLIV/3 (2017), id. 109.

9. 类似地球的世界

1 N. M. Batalha et al., 'KEPLER's First Rocky Planet: Kepler-10b', *Astrophysical Journal*, DCCXXIX/1 (2011), id. 27.
2 X. Dumusque et al., 'The Kepler-10 Planetary System Revisited by HARPS-N: A Hot Rocky World and a Solid Neptune-mass Planet', *Astrophysical Journal*, DCCLXXXIX/2 (2014), id. 154.
3 The Research Consortium On Nearby Stars, 'RECONS Census of Objects Nearer than 10 Parsecs', www.recons.org, accessed 19 August 2019.
4 E. A. Petigura et al., 'Prevalence of Earth-size Planets Orbiting Sun-like Stars', *Publications of the National Academy of Sciences*, LX/48 (2013), pp. 19273–8.
5 D. Foreman-Mackey et al., 'Exoplanet Population Inference and the Abundance of Earth Analogs from Noisy, Incomplete Catalogs', *Astrophysical Journal*, DCCXCV/1 (2014), id. 64.
6 C. D. Dressing and D. Charbonneau, 'The Occurrence of Potentially Habitable Planets Orbiting M Dwarfs Estimated from the Full Kepler Dataset and an Empirical Measurement of the Detection Sensitivity', *Astrophysical Journal*, DCCCVII/1 (2015), id. 45.
7 L. M. Weiss et al., 'The California-Kepler Survey, V: Peas in a Pod: Planets in a Kepler Multi-planet System Are Similar in Size and Regularly Spaced', *Astronomical Journal*, CLV/1 (2018), id. 48.
8 J. Wang and D. Fischer, 'Revealing a Universal Planet-metallicity Correlation for Planets of Different Sizes Around Solar-type Stars', *Astronomical Journal*, CXLIX/1 (2015), id. 14.
9 A. L. Kraus et al., 'The Impact of Stellar Multiplicity on Planetary Systems, I: The Ruinous Influence of Close Binary Companions', *Astronomical Journal*, CLII/1 (2016), id. 8.

二十个世界
系外行星的非凡故事

第三章 诞生

10. 无形的胚胎

1 The ALMA Partnership, 'The 2014 ALMA Long Baseline
Campaign: First Results from High Angular Resolution
Observations toward the HL Tau Region', *Astrophysical Journal
Letters*, DCCCVIII/1 (2015), id. L3.

11. 穿过迷雾的世界

1 A.-M. Lagrange et al., 'A Probable Giant Planet Imaged
in the β Pictoris Disk. VLT/NaCo deep L'-band imaging',
Astronomy and Astrophysics, CDXCIII/2 (2009),
pp. L21–L25.
2 C.P.M. Bell et al., 'A Self-consistent, Absolute Isochronal
Age Scale for Young Moving Groups in the Solar
Neighbourhood', *Monthly Notices of the Royal
Astronomical Society*, CDLIV/1 (2015), pp. 593–614.
3 A.-M. Lagrange et al., 'A Giant Planet Imaged in the Disk
of the Young Star β Pictoris', *Science*, 329 (2010), p. 57.
4 M. Bonnefoy et al., 'Physical and Orbital Properties of
β Pictoris b', *Astronomy and Astrophysics*, 567 (2014), id. L9.

12. 火中迸出的余烬

1 G. Chauvin et al., 'Giant Planet Companion to
2MASSW J1207334-393254', *Astronomy and Astrophysics*,
CDXXXVIII/2 (2005), pp. L25–L28.
2 P. Kalas et al., 'Optical Images of an Exosolar Planet 25
Light-years from Earth', *Science*, 322 (2008), pp. 1345–8.
3 C. Marois et al., 'Direct Imaging of Multiple Planets Orbiting
the Star HR 8799', *Science*, 322 (2008), pp. 1348–52.
4 C. Marois et al., 'Images of a Fourth Planet Orbiting HR 8799',
Nature, 468 (2010), pp. 1080–83.
5 B. P. Bowler et al., 'Near-infrared Spectroscopy of the Extrasolar
Planet HR 8799 b', *Astrophysical Journal*, DCCXXIII/1 (2010),
pp. 850–68.
6 B. Zuckerman et al., 'The Tucana/Horologium, Columba,
AB Doradus, and Argus Associations: New Members and
Dusty Debris Disks', *Astrophysical Journal*, DCCXXXII/2
(2011), id. 61.

216

7 C.P.M. Bell et al., 'A Self-consistent, Absolute Isochronal Age Scale', *Monthly Notices of the Royal Astronomical Society*, CDLIV/1 (2015), pp. 593–614.

8 Ibid.; A. S. Binks and R. D. Jefferies, 'A Lithium Depletion Boundary Age of 21 Myr for the Beta Pictoris Moving Group', *Monthly Notices of the Royal Astronomical Society*, CDXXXVIII/1 (2014), pp. L11–L15.

9 S. E. Dodson-Robinson et al., 'The Formation Mechanism of Gas Giant Planets on Wide Orbits', *Astrophysical Journal*, DCCVII/1 (2009), pp. 79–88.

13. 孤独的行星

1 M. C. Liu et al., 'The Extremely Red, Young L Dwarf PSO J318.5338-22.8603: A Free-floating Planetary-mass Analog to Directly Imaged Young Gas-giant Planets', *Astrophysical Journal Letters*, 777 (2013), id. L20.

2 This is larger than the six Jupiter masses reported ibid., but takes into account the increased age reported in A. S. Binks and R. D. Jefferies, 'A Lithium Depletion Boundary Age of 21 Myr for the Beta Pictoris Moving Group', *Monthly Notices of the Royal Astronomical Society*, CDXXXVIII/1 (2014), pp. L11–L15.

3 V. Joergens et al., 'OTS 44: Disk and Accretion at the Planetary Border', *Astronomy and Astrophysics*, 558 (2013), id. L7.

4 B. A. Biller et al., 'Variability in a Young, L/T Transition Planetary-mass Object', *Astrophysical Journal*, 813 (2015), id. L23.

14. 阴郁的世界

1 'Dreich', *Lexico*, www.lexico.com, accessed 28 March 2019.

2 K. L. Luhman, 'Discovery of a ~250 K Brown Dwarf at 2 pc from the Sun', *Astrophysical Journal*, 786 (2014), id. L18.

3 M. R. Zapatero Osorio et al., 'Near-infrared Photometry of WISE J085510.74-071442.5', *Astronomy and Astrophysics*, 592 (2016), id. A80.

4 C. V. Morley et al., 'An L Band Spectrum of the Coldest Brown Dwarf', *Astrophysical Journal*, 858 (2018), id. 97.

5 K. L. Luhman and T. L. Esplin, 'The Spectral Energy Distribution of the Coldest Known Brown Dwarf', *Astronomical Journal*, 152 (2016), id. 78.

第四章　生命

15. 被诅咒的世界

1　M. Gillon et al., 'Temperate Earth-sized Planets Transiting a Nearby Ultracool Dwarf Star', *Nature*, 533 (2016), pp. 221–4.

2　L. Delrez et al., 'Early 2017 Observations of TRAPPIST-1 with Spitzer', *Monthly Notices of the Royal Astronomical Society*, CDLXXV/3 (2018), pp. 3577–97.

3　S. L. Grimm et al., 'The Nature of the TRAPPIST-1 Exoplanets', *Astronomy and Astrophysics*, 613 (2018), id. A68.

4　R. Luger et al., 'A Seven-planet Resonant Chain in TRAPPIST-1', *Nature Astronomy*, I (2017), id. 0129.

5　E. T. Wolf, 'Assessing the Habitability of the TRAPPIST-1 System Using a 3D Climate Model', *Astrophysical Journal*, DCCCXXXIX/1 (2017), id. L1.

16. 刚刚好的世界

1　M. Gillon et al., 'Seven Temperate Terrestrial Planets around the Nearby Ultracool Dwarf Star TRAPPIST-1', *Nature*, 542 (2017), pp. 456–60.

2　L. Delrez et al., 'Early 2017 Observations of trappist-1 with Spitzer', *Monthly Notices of the Royal Astronomical Society*, CDLXXV/3 (2018), pp. 3577–97.

3　S. L. Grimm et al., 'The Nature of the trappist-1 Exoplanets', *Astronomy and Astrophysics*, 613 (2018), id. A68.

4　'Assessing the Habitability of the trappist-1 System Using a 3D Climate Model', *Astrophysical Journal*, DCCCXXXIX/1 (2017), id. L1.

5　J. de Wit et al., 'Atmospheric Reconnaissance of the Habitable-zone Earth-sized Planets Orbiting TRAPPIST-1', *Nature Astronomy*, II (2018), pp. 214–19.

6　L. Kaltenegger, 'How to Characterize Habitable Worlds and Signs of Life', *Annual Review of Astronomy and Astrophysics*, LV (2017), pp. 433–85.

7　B. V. Rackham et al., 'The Transit Light Source Effect: False Spectral Features and Incorrect Densities for M-dwarf Transiting Planets', *Astrophysical Journal*, 853 (2018), id. 122.

8　C. T. Unterborn et al., 'Inward Migration of the TRAPPIST-1 Planets as Inferred from their Water-rich Compositions', *Nature Astronomy*, II (2018), pp. 297–302.

9 A. J. Burgasser and E. E. Mamajek, 'On the Age of the TRAPPIST-1 System', *Astrophysical Journal*, 845 (2017), id. 110.

17. 饱受摧残的世界

1 G. Anglada-Escudé et al., 'A Terrestrial Planet Candidate in a Temperate Orbit around Proxima Centauri', *Nature*, 536 (2016), pp. 437–40.
2 T. E. Bell and T. Phillips, 'A Super Solar Flare', NASA Science News, www.science.nasa.gov, 6 May 2008.
3 W. S. Howard et al., 'The First Naked-eye Superflare Detected from Proxima Centauri', *Astrophysical Journal*, DCCCLX/2 (2018), id. L30.
4 C. Garraffo et al., 'The Space Weather of Proxima Centauri b', *Astrophysical Journal*, DCCCXXIII/1 (2016), id. L4.
5 I. Ribas et al., 'The Habitability of Proxima Centauri b, I: Irradiation, Rotation and Volatile Inventory from Formation to the Present', *Astronomy and Astrophysics*, 596 (2016), id. A111.
6 A. Segura et al., 'The Effect of a Strong Stellar Flare on the Atmospheric Chemistry of an Earth-like Planet Orbiting an M Dwarf', *Astrobiology*, X/7 (2010), pp. 751–71.
7 Ribas et al., 'Habitability of Proxima Centauri b'.
8 Ibid.

第五章 死亡
18. 死亡的黑色斗篷

1 L. Hebb et al., 'WASP-12b: The Hottest Transiting Extrasolar Planet Yet Discovered', *Astrophysical Journal*, CDXCIII/2 (2009), pp. 1920–28.
2 Calculated using the transit depths from C. A. Haswell et al., 'Near-ultraviolet Absorption, Chromospheric Activity, and Star-Planet Interactions in the WASP-12 system', *Astrophysical Journal*, DCCLX/1 (2012), id. 79.
3 D. Locci, 'Photo-evaporation of Close-in Gas Giants Orbiting around G and M Stars', *Astronomy and Astrophysics*, 624 (2019), A101.
4 S. W. Yee et al., 'The Orbit of WASP-12b is decaying', article-id:1911.09131, arxiv.org, accessed 4 December 2019.

19. 被撕碎的世界

1 Elizabeth Landau, 'Overlooked Treasure: The First Evidence of Exoplanets', www.jpl.nasa.gov, 1 November 2017.
2 M. Kilic et al., 'Debris Disks around White Dwarfs: The DAZ Connection', *Astrophysical Journal*, DCXLVI/1 (2006), pp. 474–9.
3 M. Jura et al., 'Six White Dwarfs with Circumstellar Silicates', *Astronomical Journal*, CXXXVII/2 (2009), pp. 3191–7.

20. 在死亡中诞生的钻石

1 A. Wolszczan and D. A. Frail, 'A Planetary System around the Millisecond Pulsar PSR1257 + 12', *Nature*, 355 (1992), pp. 145–7.
2 A. Wolszczan, 'Confirmation of Earth-Mass Planets Orbiting the Millisecond Pulsar PSR B1257+12', *Science*, 264 (1994), pp. 538–42.
3 P. Podsiadlowski, 'Planet Formation Scenarios', in *Planets Around Pulsars*, ed. J. A. Philipps, S. E. Thorsett and S. R. Kulkarni (San Francisco, CA, 1992), pp. 149–65.
4 B. Margalit and B. D. Metzger, 'Merger of a White Dwarf-neutron Star Binary to 1029 Carat Diamonds: Origin of the Pulsar Planets', *Monthly Notices of the Royal Astronomical Society*, CDLXV/3 (2017), pp. 2790–803.

后记：更多的世界

1 T. Barclay et al., 'A Revised Exoplanet Yield from the Transiting Exoplanet Survey Satellite (TESS)', *Astrophysical Journal Supplement Series*, CCXXXIX/1 (2018), id. 2.
2 'TESS Planet Count and Papers', https://tess.mit.edu, accessed 2 February 2020.
3 V. B. Kostov et al., 'The L 98-59 System: Three Transiting, Terrestrial-size Planets Orbiting a Nearby M Dwarf', *Astrophysical Journal*, CLVIII/1 (2019), id. 32.
4 J. G. Winters et al., 'Three Red Suns in the Sky: A Transiting, Terrestrial Planet in a Triple M Dwarf System at 6.9 Parsecs', article id.:1906.10147, arxiv.org, accessed 7 August 2019.
5 E. R. Newton, 'TESS Hunt for Young and Maturing Exoplanets (THYME): A Planet in the 45 Myr Tucana–Horologium Association', *Astrophysical Journal*, DCCCLXXX/1 (2019), id. L17.
6 European Space Agency, PLATO *Definition Study Report (Red Book)* (2017).

附录：20 个世界参数一览

1 M. Mayor and D. Queloz, 'A Jupiter-mass Companion to a Solar-type Star', *Nature*, 378 (1995), pp. 355–9.

2 G. W. Henry et al., 'A Transiting "51 Peg-like" Planet', *Astrophysical Journal*, 529 (2000), pp. L41–L44; T. Mazeh et al., 'The Spectroscopic Orbit of the Planetary Companion Transiting HD 209458', *Astrophysical Journal*, DXXXII/1 (2000), pp. L55–L58.

3 F. Bouchy et al., 'ELODIE Metallicity-biased Search for Transiting Hot Jupiters, II: A Very Hot Jupiter Transiting the Bright K Star HD 189733', *Astronomy and Astrophysics*, CDXLIV/1 (2005), pp. L15–L19.

4 L. Hebb et al., 'WASP-19b: The Shortest Period Transiting Exoplanet Yet Discovered', *Astrophysical Journal*, DCCVIII/1 (2010), pp. 224–31.

5 A. Pál et al., 'HAT-P-7b: An Extremely Hot Massive Planet Transiting a Bright Star in the Kepler Field', *Astrophysical Journal*, DCLXXX/2 (2008), pp. 1450–56.

6 J.-P. Beaulieu et al., 'Discovery of a Cool Planet of 5.5 Earth Masses through Gravitational Microlensing', *Nature*, 439 (2006), pp. 437–40.

7 M. J. Holman et al., 'Kepler-9: A System of Multiple Planets Transiting a Sun-like Star, Confirmed by Timing Variations', *Science*, 330 (2010), p. 51.

8 J. A. Carter et al., 'Kepler-36: A Pair of Planets with Neighboring Orbits and Dissimilar Densities', *Science*, 327 (2012), p. 556.

9 N. M. Batalha et al., 'KEPLER's First Rocky Planet: Kepler-10b', *Astrophysical Journal*, DCCXXIX/1 (2011), id. 27.

10 V. Rajpaul et al., 'Pinning Down the Mass of Kepler-10c: the Importance of Sampling and Model Comparison', *Monthly Notices of the Royal Astronomical Society*, CDLXXI/1 (2017), p. L125–L130.

11 F. Fressin et al., 'Kepler-10 c: A 2.2 Earth Radius Transiting Planet in a Multiple System', *Astrophysical Journal Supplement*, CXCVII/1 (2011), p. 5.

12 A.-M. Lagrange et al., 'A Probable Giant Planet Imaged in the β Pictoris Disk. VLT/NaCo deep L'-band imaging', *Astronomy and Astrophysics*, CDXCIII/2 (2009), pp. L21–L25.

13 C. Marois et al., 'Direct Imaging of Multiple Planets Orbiting the Star HR 8799', *Science*, 322 (2008), pp. 1348–52.

14 This is larger than the 6 Jupiter masses reported in M. C. Liu et al., 'The Extremely Red, Young L Dwarf PSO J318.5338-22.8603: A Free-floating Planetary-mass Analog to Directly Imaged Young Gas-giant Planets', *Astrophysical Journal Letters*, DCCLXXVII/2 (2013), id. L20, but takes into account the increased age reported in A. S. Binks and R. D. Jefferies, 'A Lithium Depletion Boundary Age of 21 Myr for the Beta Pictoris Moving Group', *Monthly Notices of the Royal Astronomical Society*, CDXXXVIII/1 (2014), pp. L11–L15.

15 Liu et al., 'The Extremely Red, Young L Dwarf PSO J318.5338-22.8603'.

16 K. L. Luhman, 'Discovery of a ~250 K Brown Dwarf at 2 pc from the Sun', *Astrophysical Journal*, DCCLXXXVI/2 (2014), id. L18.

17 M. Gillon et al., 'Temperate Earth-sized Planets Transiting a Nearby Ultracool Dwarf Star', *Nature*, 533 (2016), pp. 221–4.

18 M. Gillon et al., 'Seven Temperate Terrestrial Planets around the Nearby Ultracool Dwarf Star TRAPPIST-1', *Nature*, 542 (2017), pp. 456–60.

19 G. Anglada-Escudé et al., 'A Terrestrial Planet Candidate in a Temperate Orbit around Proxima Centauri', *Nature*, 536 (2016), pp. 437–40.

20 L. Hebb et al., 'WASP-12b: The Hottest Transiting Extrasolar Planet Yet Discovered', *Astrophysical Journal*, CDXCIII/2 (2009), pp. 1920–28.

21 A. Wolszczan, 'Confirmation of Earth-Mass Planets Orbiting the Millisecond Pulsar PSR B1257+12', *Science*, 264 (1994), pp. 538–42.

22 A. Wolszczan and D. A. Frail, 'A Planetary System around the Millisecond Pulsar PSR1257 + 12', *Nature*, 355 (1992), pp. 145–7.

23 NASA Goddard Spaceflight Center, 'Lunar and Planetary Science', https://nssdc.gsfc.nasa.gov, accessed 17 August 2019.

24 *The Extrasolar Planet Encyclopedia*, http://exoplanet.eu, accessed 17 August 2019.

25 Masses from S. L. Grimm et al., 'The Nature of the TRAPPIST-1 Exoplanets', *Astronomy and Astrophysics*, 613 (2018), id. A68; all other numerical values from L. Delrez et al., 'Early 2017 Observations of TRAPPIST-1 with Spitzer', *Monthly Notices of the Royal Astronomical Society*, CDLXXV/3 (2018), pp. 3577–97.